나의 향료와 화장품

| 이도훈 지음 • 정대일 감수 |

사이플러스
Science plus

머리말

우리의 현재와 미래는 과학의 발전으로 일상생활 전 부분에서 많은 혜택을 받고 있고 받을 것이다. 광대한 영역에서 획기적인 기술의 발전으로 인해 과거의 우리선조들이 경험해 보지 못한 놀라운 삶을 살아가고 있다. 우리에게 가장 가까운 것들 중의 하나가 화장품일 것이다. 인간 유전체의 연구와 새로운 의약품의 개발은 건강과 장수의 시대를 예고하고 있다.

많은 과학 분야 중에서도 화장품은 우리의 삶과 매우 밀접한 학문이다. 우리 주변의 많은 물질이 화장품의 원료로 사용되고 있으며 개인의 피부 타입에 따라서 유용한 물질이 되고 유해물질이 될 수도 있다. 항상 사용하는 화장품의 필요성과 중요성을 누구나 알고 있지만, 구성하는 물질이 누구에게나 공통적으로 이롭게 할 수는 없다.

그래서 이 책에서는 우리가 사용하고 있는 화장품과 피부의 상호작용과 그 역할, 그리고 화장품을 구성하는 성분들의 성상에 대하여 설명하고자 한다. 또한 화장품은 물 성분과 오일 성분의 혼합물이므로, 물질의 성질 차이를 잘 이해하여 균일한 혼합물질로 만들어야 한다. 이 책은 화장품을 사용하는 우리들이 알아두어야 할 기본적인 내용과 각 물질들의 특성 피부에 작용과 역할 등을 상세하게 설명하여 화장품을 만들어서 사용할 수 있도록 했다. 또한 향료와 향수에 대한 기본적인 내용을 소개하여 음식에 향을 더하거나 향수에 대한 이해의 폭을 넓힐 수 있게 하였다.

학생들이 이 책을 통해 화장품과 향료 및 향수에 대한 이해가 깊어지고, 사용하는 화장품과 향수를 자신에게 품격 있는 것을 사용하길 희망해본다. 그리고 이 책의 출판에 많은 도움을 주신 사이플러스 박종성 대표와 직원에게도 감사를 드립니다.

2020년 2월 25일
이도훈 적음

차 례

제 3 장

화장품의 원료

제 4 장

잘 섞는 원리 및 방부의 효력

제 5 장

향료로 화장품 만들기

제 6 장

향수와 향료

제 1 장

서양의 화장품 역사

현대인이라면 여자와 남자 그리고 아이들뿐만 아니라 노인들에게는 더욱 중요한 피부를 보호하고 유지시켜주는 화장품의 역사와 의의를 이해하고자 한다. 오랜 시간 동안 사용되어 왔고 미래에도 누구나 사용할 화장품에 대하여 알아보고자 한다.

1. 화장품이란 무엇인가?

화장품은 그리스어인 Kosmetikos에 근거한 cosmetics이며, "cosmos"가 어원으로 "정돈한다, 장식한다"는 의미이다. 우리나라는 1999년 9월 화장품법이 제정되고 2000년 7월부터 이 법에 따라 화장품을 관리하게 된다. 화장품법의 제1장, 제2조, 1항에서의 정의는 다음과 같다.

1) 화장품

인체를 청결, 미화하여 매력을 더하고, 용모를 밝게 변화시키거나 피부, 모발의 건강을 유지 또는 증진하기 위하여 인체에 사용되는 물품으로서 인체에 대한 작용이 경미한 것을 말한다. 다만, 약사법 제2조 제4항의 의약품에 해당하는 물품은 제외한다.

TIP 1-1

▸ **화장품과 의약품의 간단한 분류**

1. 화장품
   인체에 영향을 미치지 않는다.
2. 의약품
   인체에 영향을 미치고 효과가 있다.
3. 전문의약품
   인체에 영향을 미치고 효과가 있지만 부작용이 생길 수 있다.

2) 기능성 화장품

제1호의 화장품 중에서 다음 각목의 1에 해당하는 것으로서 보건복지부령으로 정하는 화장품을 말한다.

❶ 피부의 미백에 도움을 주는 제품
❷ 피부의 주름 개선에 도움을 주는 제품
❸ 피부를 곱게 태워주거나 자외선으로부터 피부를 보호하는 데 도움을 주는 제품

3) 유기농화장품

'유기농화장품'은 유기농 원료, 동 · 식물 및 그 유래 원료 등으로 제조되고 식품의약품안전처장이 정하는 기준에 맞는 화장품을 말한다.

4) 눈을 위한 화장품의 종류

(1) 아이섀도(Eye shadow)

눈꺼풀, 눈초리, 콧날에 소량으로 음영이나 입체감을 나타내기 위해서 사용한다.

(2) 파운데이션(Foundation)

화장의 토대로 살결을 보호하며 얼룩과 색을 커버하는 데 사용한다.

(3) 아이크림(Eye cream)

눈매, 눈두덩이, 눈 밑 부위의 탄력 미백, 주름방지 등을 위한 눈가 전용 기능성 화장품이며, 노화방지를 위하고 눈주름, 다크서클 등의 눈 주위에 수분과 영양을 공급해주는 눈 전용 크림이다.

(4) 마스카라(Mascara)

속눈썹을 돋보이게 하기 위한 화장품이다. 어원은 스페인어로 가면 또는 변장이라는 뜻이다. 빛깔은 흑색, 암갈색, 회색 외에 특수한 것으로 청색, 보라색 등이 있다. 목탄(숯)과 유지를 섞어 만든 것으로서, 상태는 크림, 케이크, 액체 등이 있으며, 액체 마스카라가 많이 사용되고, 케이크 상태의 제품은 스테아레이트 타이프(stearate type)라 하여 물을 묻힌 브러시로 문질러서 바른다. 물에 의해서 케이크 상태의 마스카라를 크림 상태로 만들어 사용하는데, 마른 후에도 물에 약한 단점이 있다.

(5) 아이브로 브러시(Eyebrow brush)

'아이브로'는 눈썹이란 뜻으로 눈썹을 바로 잡는 브러시를 말한다.

(6) 아이라이너(Eye liner)

선명하고 또렷한 눈매를 연출하기 위해 눈 주위에 선을 그리는 메이크업 제품이다. 고대 이집트와 메소포타미아에서 눈 주위에 검은 선을 그리던 관습에서 시작되었다. 기원

전 10,000년 전 이집트인들은 다양한 화장기법을 선호했는데, 이는 미용뿐만 아니라 사막의 태양으로부터 피부를 보호하기 위한 것이었다. 고대학자들은 이집트인들이 눈이 사시가 되는 것을 막기 위해 아이라이너를 사용했다고 말한다.

5) 외부에 노출된 피부를 위한 화장품의 종류

(1) 크림(Cream)

피부 보호를 위한 기초 화장품

(2) 로션(Lotion)

피부 보호를 위한 기초 화장품

(3) 스킨(Skin)

피부 보호를 위한 기초 화장품

(4) 선크림(Sun cream)

피부 색소와 햇빛(자외선 A, B)을 차단해야 하는 정도는 개인차가 있지만 피부 보호를 소홀히 하면 피부암 및 기미나 검버섯 등 다양한 피부색소침착과 같은 결과가 나타날 수 있으므로 피부를 항상 보호해 주어야 한다. 자외선 A(UV A)와 자외선 B(UV B)를 차단하는 선크림을 사용해야 한다. UV A는 피부암 예방을 위해 최우선적으로 피해야 할 광선이고, UV B는 화상을 유발하는 요소이다. 자외선으로부터 피부를 제대로 보호하기 위해서는 자외선 차단지수(SPF: Sun Protection Factor)가 15 이상인 제품을 사용해야 한다. 자외선 차단지수는 UV A를 차단하는 효과를 나타내는 지수이다. SPF 15의 선크림을 사용하면 햇빛 속에 있어도 피부에 바르지 않았을 때보다 15배 정도의 보호를 받는 것이다. UV A로부터 피부를 보호하기 위해서는 산화아연, 이산화티탄, 아보벤존(avobenzone)이 포함된 선크림을 사용해야 한다.

2. 화장품의 기원

인류가 화장품을 사용하기 시작한 시점에 대한 정확한 기록은 남아 있지 않다. 그러나 인류가 남긴 동굴의 벽화나 유적지의 출토품, 그리고 문헌을 볼 때 구석기시대부터 화장을 해왔다고 유추하고 있다. 화장의 기원은 여러 가지 학설이 있는데, 인체의 아름다운 부분은 돋보이도록 하고 약점이나 추한 부분은 수정 혹은 위장하려는 욕망은 인간의 생리적 본능이라는 본능설이 가장 유력하다. 그 외에 신분, 계급, 종족, 성별을 구별하기 위한 치장이 미화 수단으로 발전하였다는 신분 표시설, 자신을 위장 혹은 은폐시키기 위한 화장이 미화 수단으로 발전하였다는 보호설이 있다. 또 신에게 경배 혹은 기도하기 위하여 향나무 가지를 태워 향기를 이용하고 향나무(잎)의 즙을 바르던 행위가 미화 수단으로 발전하였다는 종교적인설 등이 있는데, 어떤 시각에서 보거나 화장의 유래가 매우 오래되었음을 입증하고 있다.

3. 학설적인 관점의 기원

인류는 언제부터 화장을 했을까? 여러 가지 학설들 중 가장 오래된 학설은 영국 브리스톨대학 조앙 질랑(Joao Zilhao) 교수의 연구팀이 2010년 스페인 남부 무르시아(Murcia) 유적지에서 발굴한 조개껍데기에서 화장품으로 추정되는 물질을 찾아냈다.

조개껍데기에서 파운데이션처럼 사용한 것으로 보이는 노란색 빛깔의 색소와 검은색 광물이 섞인 붉은색 파우더가 발굴되었다고 보고되어 있다. 이 연구팀은 미국 국립과학원회보(PNAS)에 발표한 논문에서 "5만 년 전 네안데르탈인들이 화장을 했다는 증거"라고 주장을 하였다. 네안데르탈인들은 조개껍데기에 화장용 색소를 담아두기도 하고 화장도구로도 이용한 것으로 보고하였다.

그림 1.1 파운데이션을 사용한 것으로 보이는 네안데르탈인의 모습.

그러면 네안데르탈인은 화장을 했을까? 이 물음에 대한 표현은 스페인 무르시아 지방의 조개껍데기에서 파운데이션처럼 사용한 것으로 보이는 파우더가 발굴되었다고 하여 생존을 위한 화장을 했을 것으로 추정한다.

네안데르탈인이 화장을 했다는 것은 그들이 불과 간석기를 사용하고 사람이 죽으면 매장하는 문화를 가진 것으로 보아 지능의 수준이 높은 인류라는 주장에 부합하는 증거가 된다. 이런 이유로 인간은 아주 오래 전부터 자신을 치장하는 문화를 가졌다는 것이다. 인간의 3대 욕구는 식욕과 성욕 그리고 미욕을 가지고 있는데 인간이라면 누구나 미를 추구하는 본능에 따라서 화장을 시작했을 것이며, 종교적이고 주술적인 목적으로 이용되고 신분, 계급, 종족, 남녀를 구별하는 도구로 그리고, 햇빛이나 동물, 해충 등 외부의 위협으로부터 신체를 보호하기 위해서 사용한 것으로 보인다.

화장이란 용어는 일본에서 전해졌다고 하고, **미용**은 얼굴치장을 의미한다. **단장**은 얼굴치장과 옷치장 그리고 장신구를 했을 때를 의미하며, **성장**은 야하거나 화려한 치장을 한 경우이고, **담장**은 피부를 정돈한 정도(기초화장)를 의미한다. 그리고 **염장**은 짙은 색조화장을 했을 때를 의미한다. 독일은 kosmetik, aeshetik, 영국은 cosmetic, 미국은 skin care, 프랑스는 esthetique, 일본은 esty라 불린다.

지금부터 우리는 매우 많은 화장품의 종류와 현재 사용하고 있는 화장품의 기원과 역사를 살펴보고자 한다.

그림 1.2 화장품의 종류(스킨, 로션, 크림 등)와 도구.

4. 서양 화장품의 역사

화장에 대한 가장 오래된 기록은 기원전 7500년 전 이집트에서 시작되었다. 유럽에서는 화장이 일반인에게 13세기경에야 비로소 널리 보급되기 시작했으며 1800년대에 와서 화장품도 과학적인 방법으로 제조되고 1900년대에 와서는 대량 생산이 이루어지게 되었다.

1) 원시 종교 시대

화장품의 유래는 종교의식과 밀접한 관련을 가지며 제사를 지내는 제단을 신성시하고, 위험으로부터 보호하기 위해서 얼굴과 신체에 착색, 향, 오일을 사용했다.

2) 고대 이집트 시대

피부와 모발의 청결을 중시하여 목욕법과 장식이나 마사지 효과에 좋은 향유(올리브유, 꿀, 우유 등에 꽃가루를 섞음)를 다양한 목적으로 피부 관리에 사용하였다. 특히 이집트인들은 눈을 강조하고 곤충을 막기 위해 코울(Kohl)이라는 것을 발랐다.

그림 1.3 고대 이집트시대 벽화(미용이 신전 앞의 정화의식).

2010년 분석화학(Analytical Chemistry)이라는 과학 저널에 "이집트인들의 눈 화장은 질병으로부터 눈을 보호하는 기능을 했다"는 논문이 실렸다. 다른 연구팀은 아이라이너로 사용된 화장품에는 **소금납**(lead salt) 성분이 포함되어 있는데, 이것이 산화질소를 만들어내어 면역력을 높여 주어서 눈이 병균에 감염되는 것을 막아주는 역할을 한다고 밝혔다.

초기에는 눈가를 공작석 가루로 녹색 테를 그렸으며, 후기에는 검은색으로 약간 굵은 테를 그렸고, 눈썹먹, 입술연지, 볼연지로 사용되었다. 이마나 가슴의 혈관에 청색을 칠하여 강조하였고, 손톱에는 식물성 염료 헤나를 사용하여 진한 주황색으로 매니큐어를 하였다. 또한 모발은 동물성 지방으로 단정하게 손질하였다.

그림 1.4 클레오파트라 여왕의 화장한 모습(영화 '클레오파트라' 1963년 작품 중).

3) 그리스 로마 시대

인간의 자연미를 강조하여 메이크업보다는 헤어스타일을 더 강조하였다. 최초의 약학과 본초학을 접목시켜 피부를 보호하고 마사지의 효과를 가지며 피부를 깨끗하게 하는 화장용 유성 크림인 콜드크림(cold cream)을 만들었다. 여러 나라에서 많은 종류의 화장품이 들어왔기 때문에 화장기술이 급속히 발달한 전성기이다.

목욕 문화는 가장 기본적인 것으로 냉수욕, 온수욕, 증기욕, 약물욕 등이 있었다. 그래서 공중목욕탕, 팩과 마사지, 사우나 등이 유행하였다. 또한 향수문화가 발달하였고, 염색(헤나 금발 염색 선호)이 성행하고, 눈썹먹과 아이섀도(eye shadow)도 있었다. 피부색에 맞춘 분과 연지도 사용되었고, 특히 향료를 중요시하였다. 식이요법, 운동요법, 스팀미용법 등이 등장하였다.

그림 1.5 그리스 시대의 건강한 정신과 신체.

4) 중세 시대

기독교의 영향으로 여성들이 목욕하거나 화장하는 행위를 죄악시하는 사회적인 분위기로 인해 화장 문화가 크게 발달하지 못한 시기이다. 이 시기는 흰 피부색을 강조하고 검정흑갈색으로 머리나 눈썹을 장식하였다. 그림 1.6의 모습처럼 중세시대는 종교적으로 금욕적인 성향이 강하여 얼굴과 신체에 미용행위를 금지하였다.

그림 1.6 중세시대 금욕적인 모습.

5) 르네상스 시대

십자군 전쟁으로 인도와 동양의 문물이 유럽으로 유입되어 화장과 향료의 큰 발전의 계기가 된다. 이 시기에 많은 색소들이 알려져서 유화, 염료 및 메이크업 등에도 사용하게 되었다.

이런 색소를 가진 물질들은 식물류, 나무껍질, 산화아연, 석면, 향신료, 석탄과 석유 등이 있다. 또한 입술연지에는 붉은 황토나 잔사가 사용되었고 분은 주로 흰 납에 수은과 흰 분꽃을 혼합하여 승화법으로 만들었다. 알코올 증류법으로 화장수가 개발되어 향수의 사용이 많은 시기였다. 그림 1.7은 엘리자베스 1세의 초상화로 얼굴에 있는 천연두의 흉터를 가리기 위해서 납 성분이 포함된 백연가루를 얼굴에 도포하였다.

그림 1.7 엘리자베스 1세의 초상화.

6) 근대(여성들만 화장)

17세기에는 화장품의 사용 영역이 양분화가 일어나는 시기로 하나는 의학과 과학의 영역에서 피부를 치료하는 것이고, 다른 하나는 신체적인 아름다움을 나타내는 것이었다. 아이섀도와 얼굴에 점 그리기가 유행하고, 위생관념이 강화되어 비누의 사용이 보편화된다. 이 시기에 화장품 제조법이 실린 책자가 출판되어 일반인들도 원료를 구입하여 집에서 화장품을 만들어 사용하였고 화장품의 질적인 향상과 제품의 다양화가 이루어진다. 영국과 프랑스에서 17세기 초에 신문의 발간으로 화장품과 향수 광고를 많이 볼 수 있었다.

18세기경에는 프랑스 파리에 향수와 화장품 가게가 오픈되기 시작하고, 남부 지중해 연안의 많은 꽃 생산지를 중심으로 향수 제조 지역으로 발전하였다.

19세기에는 메이크업 표현이 다양해지고 산업혁명으로 인해 왕족의 전유물인 크림(cream)과 로션(lotion)이 일반인들에게 보급되기 시작했다(겔랑, 1828). 이때 뷰티살롱이 등장하였다

7) 현대

미국의 화학공업의 발전으로 화장품 산업이 유럽에서 미국으로 옮겨지고 영화산업의 발전이 패션과 메이크업 그리고 헤어스타일의 유행을 일으킨다. 제2차 세계대전 후 과학기술이 발전하면서 새로운 화합물의 분리와 합성이 새로운 원료의 개발을 이루면서 화장품기술 또한 발전하게 되었다.

화장품이 인체를 청결하게 하고 아름답게 하는 단순한 기능에서 젊고 건강한 피부를 유지하며 피부 미백과 피부노화를 지연시킬 수 있는 기능성 화장품도 개발되고 있다.

8) 화장품의 성장기

화장품의 종류가 다양해지고 대량생산으로 대중화되었다. 화장품의 발달 과정을 살펴본다.

- 1901년에 마사지크림이 개발되었다.
- 1907년에 샴푸의 생산이 이루어진다.
- 1908년에 손톱의 매니큐어인 에나멜이 개발되어 생산되었다.
- 1920년에 펌의 유행으로 미용실이 성업한 시기이다.
- 1930년에 자외선 차단제의 개발이 되었다.
- 1940년에 호르몬 크림, 에어졸 용기가 등장한 시기이다.
- 1947년에 피부관리와 보호를 목적으로 하는 제품이 개발된 시기이다.
- 1950년에 염색약, 치약, 데오도런트, 합성세제 등이 개발되었다.

5. 한국 화장품의 역사

시대별로 변화의 흐름을 살펴보면 아래와 같다. 화장 문화는 고대부터 시작하여 청동거울, 장신구, 벽화 등을 통해서 추측하고 있다.

1) 고조선 시대

한민족은 피부미용에 관심이 많았는데 향료를 중시하여 피부미용에 활용하였고, 백색 피부를 아름다움으로 여겨 쑥과 마늘을 미백제로 사용하였다. 또한 피부 보호와 동상 예방을 위해 돼지기름을 노출된 피부에 발랐다. 말갈족은 피부 미백을 위해서 소변으로 세수를 하였다고 전해진다.

2) 삼국 시대

(1) 고구려

중국, 아라비아, 인도의 영향으로 화장술이 발달하여 신분과 빈부의 구별 없이 치장을 하였다.

(2) 신라

삼국 중에서 화장술이 가장 앞선 것으로 보인다. 홍화(잇꽃)로 연지를 만들어 이마와 뺨 그리고 입술에도 발랐다. 분꽃의 씨앗은 백분으로 백합꽃 붉은 수술은 색분으로 사용했다. 이 시기에 일본에 연분 제조기술을 전파하였다. 화랑들의 화장과 장신구, 연지, 백분, 색분 등을 사용하였다고 전한다. 재를 유연에 섞어서 만든 미묵을 이용하여 눈썹을 그렸다. 그림 1.9는 신라의 거울로 백동으로 만든 흰 구리거울이며, 거울의 뒷면에 청룡, 백호, 주작, 현무 등 사신을 표현하였다.

(3) 백제

화장술이 가장 많이 발전하였다. 일본에 화장품 제조기술과 화장법을 전파하였고 주로 백색 원료의 사용을 많이 했으며 붉은 색은 싫어했다고 전한다.

그림 1.8 삼국시대(신라) 백분(쌀가루) 용기.

그림 1.9 신라의 청동거울.

3) 고려 시대

신분에 따라 화장과 치장이 달라지고 사치스러워졌다. 기생화장법(분대화장)으로 분은 희게 하며 눈썹은 가늘고 뚜렷하게 표현하였고, 머릿기름을 많이 사용했다.

부유층은 복숭아 꽃물, 난초 삶은 물로 목욕을 즐겼다. 일반 서민들은 머리가 희어지면 염색을 하는 정도였다. 피부보호와 미백을 위해서 남녀 모두 로션을 사용하였다. 복숭아 꽃물을 우려 세수를 했다고 한다.

그림 1.10 고려시대 복숭아 꽃물.

4) 조선 시대

이 시대는 화장에 대한 금지령이 있었고 근검절약이 강조되어 흰 피부와 단정한 몸가짐을 원하는 시대였다. 사대부의 가정백과라는 '규합총서'가 저술되어 두발 형태와 화장법 등 화장에 대한 내용이 소개되어 있다. 선조 때 화장수 제조와 판매가 있었고 숙종 때는 판매용 화장품이 제조되었다. 그림 1.11은 조선의 대표 미인을 그린 '미인도'이다.

그림 1.11 신윤복의 "미인도".

5) 개화기

크림, 백분, 비누, 향수 등의 수입화장품이 등장하였고 우리나라 최초 근대적 화장품이라 할 수 있는 1916년 "박가분"(우리나라 최초의 화장품)이 생산되어 전국적으로 유행되었으나 피부에 치명적인 납 성분 때문에 인기가 없어진다. 이후 동아 부인상회에서 개발한 연부액, 여드름과 미백에 효과가 있는 복합기능성 화장품이 생산되었다.

그림 1.12 박가분.

1930년 이후에는 납을 사용하지 않은 서가분, 서울분 등의 백분이 등장했다. '구리무'(동동구리무)라는 크림으로 방물장수가 방문하여 덜어서 파는 화장품이 등장했다.

그림 1.13 화장품 광고.

6) 현대 화장과 화장품의 광고

- 1940년 전후에 현대식 화장법이 도입되기 시작한다.
- 1945년대에는 콜드크림(만능크림), 바니싱크림, 머릿기름, 포마드, 헤어토닉, 콜드 퍼머약, 향수 등을 사용하게 된다.

그림 1.14 한국전쟁 이후 한국의 여성들은 입체적인 화장을 선호.

- 1960년대에는 화장품 연구 시작, 생산 및 품질관리 기술 발달, 방판제도가 도입되었다.

그림 1.15 1960년대에 이르러 직업으로 방판 제도가 처음으로 도입됨.

- 1970년대에는 사용원료의 다양화, 국내 화장품이 외국으로 수출되기 시작했다.

그림 1.16 1970년대 화장품 문화의 특징. 메이크업 캠페인.

- 1980년대에는 첨단 과학으로 다양한 화장품 개발, 노화 억제 화장품, 무색소, 무향, 민감성 화장품이 개발되었다.

그림 1.17 1980년대 화장품은 첨단 과학기술이 접목.

- 1990년대는 식물성 화장품, 향기요법을 응용한 화장품의 개발이 되는 시기였다.

그림 1.18 1990년대는 식물 성분 함유-자연성 화장품 등장.

- 2000년대에는 기능성 소재 및 제품에 대한 연구로 자외선 차단제, 미백 화장품이 개발되었다.

그림 1.19 2000년대는 색조 화장품의 인기, Aromatherapy-허브 향료.

연습 문제

1. 우리나라에 화장품법이 제정된 년도와 월은 언제인가?

2. 얼굴에서 눈이 매우 중요하므로 속눈썹을 돋보이게 하기 위한 화장품이며, 스페인어로 가면 혹은 변장이란 뜻을 가진 단어는 무엇인가?

3. 얼굴에서 눈이 매우 중요하므로 눈꺼풀, 눈초리 콧날에 소량으로 음영이나 입체감을 주기 위해 사용하는 화장품은 무엇인가?

4. 얼굴을 돋보이게 하는 화장품으로 눈 주위의 노화방지와 주름 및 다크서클 등의 방지를 위해서 수분과 영양을 공급해 주는 화장품은 무엇인가?

5. 고대 이집트와 메소포타미아에서 눈 주위에 검은 선을 그리던 관습에서 시작되어 눈을 선명하고 뚜렷한 눈매를 표현하기 위해서 선을 그리는 메이크업 제품은 무엇인가?

6. ________________ 이라 함은 인체를 청결하고 미화하여 매력을 높이고 용모를 밝게 변화시키거나 피부와 모발의 건강을 유지 또는 증진하기 위하여 인체에 사용하는 물질로 인체에 대한 작용이 경미한 것을 말한다.

7. ________________ 이라 함은 피부의 미백에 도움을 주는 제품, 피부의 주름 개선에 도움을 주는 제품으로, 자외선으로부터 피부를 보호하는 도움을 주는 제품을 보건복지부령으로 정한다.

8. '유기농 화장품'은 동물과 식물의 원료가 유기농으로 제조하고 ________________ 이 정하는 기준에 맞는 화장품을 말한다.

절취선

9. "기능성화장품"의 역할을 3가지를 설명하시오.

10. 화장이란 용어에 대하여 설명하면 ① ________ 은 얼굴치장을 의미하고, ② ________ 은 얼굴치장과 옷차림, 장신구를 했을 때를 의미하며, ③ ________ 은 야하거나 화려한 치장을 한 경우이고, ④ ________ 은 피부를 정돈한 정도를 나타낸다. 그리고 ⑤ ________ 은 짙은 색조화장을 했을 때를 의미한다.

11. 이집트인은 눈 화장으로 코울(Kohl)이라는 것을 발랐다. 이 물질의 성분과 사용한 이유를 설명하시오. (2점)

12. 피부를 보호하고 마사지 역할을 하며 피부를 깨끗하게 단장하는 화장용 유성크림은 무엇인가?

13. 크림은 몸을 청결하게 유지하고 피부나 모발을 건강하게 하는 화장품으로 유분이 포함되는 양에 의해서 그 종류를 3가지로 구분하여 설명하시오.

1) 유분이 많으면 ________________

2) 유분이 중간이면 ________________

3) 유분이 적으면 ________________

14. 자외선 차단제를 물리적(무기성)인 특성과 화학적(유기성)인 특성을 구분하여 설명하시오.

15. 우리나라 최초의 화장품으로 1916년에 탄생한 제품은 무엇인가?

16. 1930년대 이후에는 납을 사용하지 않는 서가분, 서울분등의 백분이 등장하고 ________ 라는 크림으로 방물장수가 방문하여 덜어서 파는 화장품이 등장했다.

17. 개화기에 연부액, 여드름과 미백효과가 있는 복합기능성 화장품을 개발하여 생산한 회사의 이름은 무엇인가?

18. 현대 화장의 시간 속에 콜드크림, 바니싱크림, 머릿기름, 포마드, 헤어토닉, 콜드퍼머약, 향수 등을 사용한 시대는(년도) 언제인가?

19. 조선시대의 가정백과라는 책에 두발의 형태와 화장법 등의 화장에 대한 내용이 소개된 책은 무엇인가?

20. 프랑스 파리에 향수와 화장품 가게가 오픈되고, 많은 꽃 생산지인 남부 지중해 연안을 중심으로 향수 제조가 발전되는 서양의 시기는 언제인가?

21. 기독교의 영향으로 종교적으로 금욕적인 성향이 강하여 얼굴과 신체에 미용행위를 금지한 시대는 언제인가?

절취선

PERFUME and **C**OSMETICS

제2장

인간의 피부 구조

피부는 우리 몸을 보호하며 신경의 끝이 진피 속에 묻혀 있어 뜨겁거나 차가움, 통증, 진동 등을 느끼는 감각기능을 갖고 있고, 그 밖에도 체온의 조절과 유지, 비타민 D의 합성, 외부 물질의 흡수 및 체내 성분의 휘발 제어 기능도 담당한다. 이외에도 미적인 면에서 우리의 외모는 피부가 좌우한다고 해도 과언이 아니다. 피부의 다양한 기능은 피부의 복잡한 구조 때문에 가능하다. 이렇게 복잡한 피부를 관리하여 건강과 아름다움을 유지하고 노화를 방지하거나 노화 속도를 늦추려는 방법으로 많은 여성이 화장품을 찾는다. 화장품은 보통 기초 화장품, 기능성 화장품과 색조 화장품으로 나뉜다. 다른 종류와는 달리 피부에 제일 먼저 바르는 기초 화장품은 피부를 청결하게 하고, 수분 공급 및 유지를 돕고, 또 피부에 필요한 유분과 영양분을 공급하는 역할을 하기 때문에 기초 화장품이 가장 중요하다.

세포의 재생 능력이 저하되면서 탄력이 줄어들고 주름이 생기면서 피부가 노화되기 때문이다. 따라서 주변 대기가 건조한 경우, 건강한 피부를 유지하기 위해서는 각질층에 존재하는 천연보습인자(NMF: Natural Moisturizing Factor)가 가진 수분 보유능력과 각질층의 수분증발 억제 능력을 보완해 주어야 하기 때문에 기초 화장품에는 모두 보습 기능을 지닌 성분이 들어 있어야 한다.

1. 피부구조

피부는 신체의 표면을 둘러싸고 있으며 햇빛, 온도, 습도 등의 외부 조건에 물리 · 화학적 자극을 완화하고 내부 장기를 보호하는 인체의 가장 많은 부분을 차지하는 기관(organ)이다.

피부의 두께는 약 1.4 mm 정도, 피부의 무게는 체중의 약 15% 정도이며, 피부의 면적은 성인 기준 약 1.6 m^2로 개인에 따라 차이는 있다.

피부 1 cm^2에 피지선 15개, 땀샘 100개, 1 m 정도의 모세혈관, 신경 12개, 털 10개 정도, 감지신경 3000개, 세포가 약 30000개 정도 포함하는 신체의 부분이다. 피부를 내자의 거울이라고 하는 말처럼 독립기관이 아닌 신체의 일부로서 신체 건강에 의해서 피부 상태를 나타내고, 건강하면 영양공급이 원활해져서 피부가 아름답고 탱탱한 피부를 만들게 된다.

- 피부는 복잡한 구조를 가지고 있으며 다양한 기능을 수행한다.
- 피부를 보호하기 위해서는 피부에 수분과 영양분을 공급해야 한다.
- 수분이 부족한 피부는 세포 재생 능력이 떨어져 노화된다.
- 피부의 부드러움을 유지하기 위해서는 지질과 수분이 균형을 이루어야 한다.
- 화장품보다는 식생활을 통한 영양분 공급이 우선되어야 한다.

피부는 자외선 A를 흡수하여 체내에 필요한 비타민 D를 합성한다. 7-Dihydrocholesterol → 자외선노출 → cholecalciferol (vitamin D_3) → 간 → calciferol (vitamin D_2) 가장 활성이 높은 비타민 D로 음식물로부터 칼슘(Ca)과 인(P)을 흡수한다.

피지선에서 분비된 피지는 땀과 함께 피부 겉 표면에 퍼져서 **산성막**(acid mantle)을 형성하고 pH 4.5~6.5 정도로 거의 모든 박테리아를 죽여 신체 방어기능의 일부를 하게 된다. 피지의 성분은 유성분비물(콜레스테롤, 지방산, 에스테르 화합물)을 함유한다.

1) 표피(Epidermis)

가장 바깥쪽에 위치하고 혈관이 없으며 외부 환경과 직접 접촉하고 있는 층으로 각질 형성세포가 10층 정도 두께로 형성하고 있다.

2) 진피(Dermis, True skin)

표피 아래쪽에 위치하고 혈관, 신경, 모낭, 땀샘 등의 구조물이 있는 부위로 피부의 형태를 유지하고, 피부의 강도를 튼튼하게 유지시키는 부위이다. 피하조직과 함께 중배엽에서 유래하는 섬유성 결합조직으로 두 개의 층으로 나누어지는데, 하나는 유두층이고 다른 하나는 망상층이다.

3) 피하지방(Subcutaneous layer)

진피 아래쪽에 지방세포로 구성되어 있는 부위로 진피와 근막 사이를 느슨하게 결합시켜주는 결합조직이다. 영양분의 저장 및 지방 합성, 열의 차단, 충격 흡수 등의 역할을 한다. 신체 부위와 성별, 연령에 따라 두께가 다르다. 일반적으로 여성이 남성에 비해서 두껍고 중년층의 경우 허리의 피하지방이 가장 두껍다.

TIP 2-1

▶ **피하지방의 구성**

지방세포소엽: 지방세포로 구성된 단위이다.

섬유성 중격: 작은 혈관, 림프관, 신경 등을 포함하는 섬유성 결체조직으로 소엽 사이에 위치한다.

▶ **피하지방의 기능**

피부에서의 열 손상을 방지하고, 충격을 흡수하여 몸을 보호하는 역할을 하며, 영양소 저장기능과 몸매를 유지하는 미용효과도 제공한다.

▶ **모낭**(follicles)

모발을 만들고 키우는 집

▶ **섬유아세포**(fibroblast cell)

엘라스틴, 콜라겐 등의 조직성분을 합성하는 세포

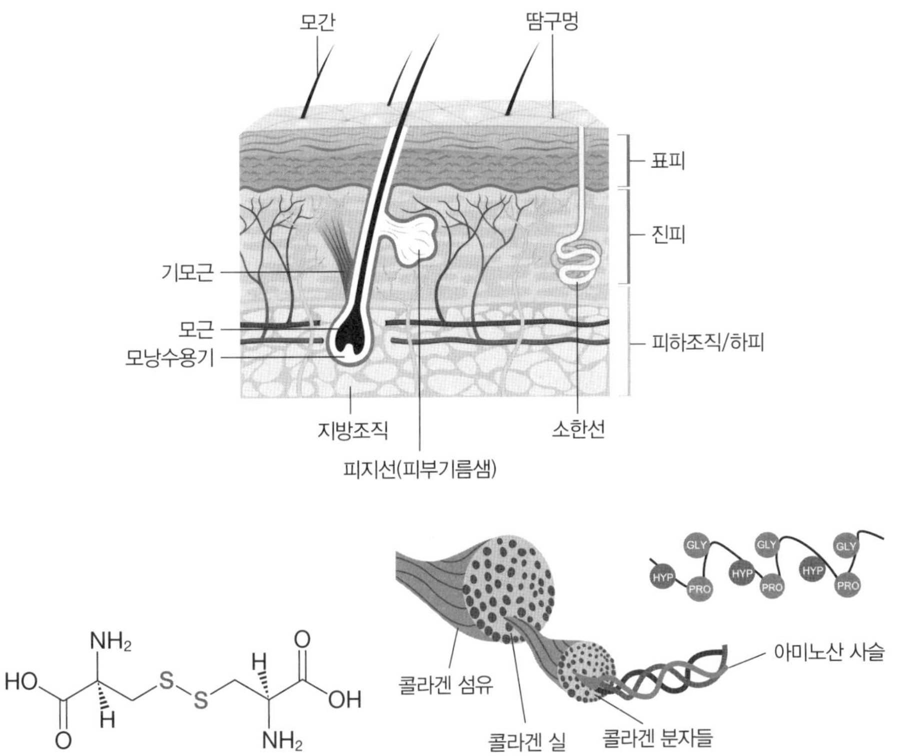

그림 2.1 피부의 구조: (위) 표피, 진피, 지방층, 모발, 피지샘, 신경과 혈관 등으로 구성. (아래) 시스틴 성분의 케라틴 구조.

4) 표피 부속기

(1) 손톱, 발톱(Nail)

각질이 변형되어 딱딱해진 것이다. 시스틴(cystine)이 주성분인 케라틴(keratin)으로 구성되어 손끝을 보호한다.

❶ 조상(nail bed): 손톱 바로 아래에 있는 피부이다.

❷ 조근(nail root): 손톱의 근원으로 조상 아래에 있는 피부이다.

❸ 조모(nail mother): 손톱이 만들어진다.

❹ 조모가 손상되면 여러 가지 흉한 모양의 손톱이 만들어진다.

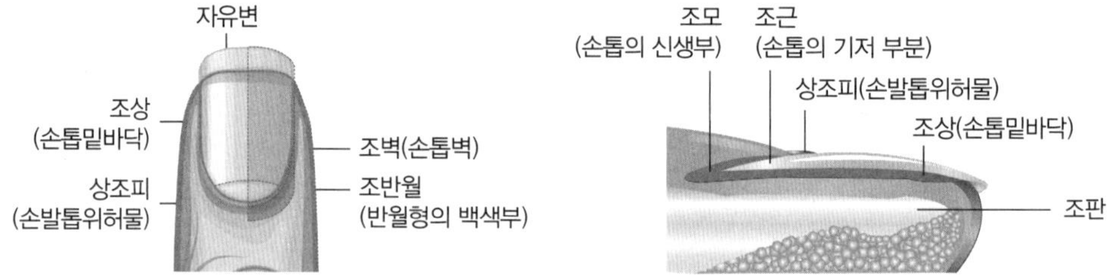

그림 2.2 손톱의 구조.

(2) 모발(Hair)

표피세포가 변화된 것으로 모공에서 나와 피부 표면에 노출된 모간과 피부 내부에 있는 모근으로 구성된다.

(3) 한선(Sweat gland; 땀샘)

땀을 분비하는 샘으로 소한선과 대한선 두 종류가 있다.

❶ 소한선(에크린선, eccrine gland; 누출분비선)

피부의 거의 전면에 존재한다. 즉 입술부위, 표피 안쪽, 음핵, 소음순에 존재하고, 손바닥, 발바닥, 머리 부분에 다수가 존재한다. 또한 1 cm^2당 143~339개로 알려져 있다. 분비물은 주성분인 식염수 외에 요소, 요산, 황화물, 암모니아요산, 크레아티닌, 아미노산 등이고 약산성(pH = 4.5~6.5)으로 세균번식을 억제한다. 땀을 만드는 샘으로 자율신경의 지배를 받는다.

❷ 대한선(아포크린선, apocrine gland)

에크린선보다 비교적 형태가 크며 겨드랑이, 유방, 유방 둘레, 외음부, 항문 주위 등에 있고 한선과 피지선의 성질을 모두 가지고 있다. 체액과 체온의 조절, 노폐물이 배출이 된다. 모낭에 연결되어 있으며 피지선에 땀을 분비한다. **산성막**(pH = 4.5~6.5)의 생성에 관여하며 과잉 분비 시 악취가 나며 분비량은 체온에 비례하여 분비된다.

(4) 피지선(Sebaceous gland)

손바닥과 발바닥을 제외한 피부 전면에 분포하고, 그 수는 약 100만으로 부위에 따라 그 수와 크기는 다르다. 머리의 유발부, 안면중앙부, 가슴중앙부, 겨드랑이 밑, 배꼽 주위와 외음부에 그 수가 많이 존재하고, 이 부위를 지루부라고 한다.

피지의 화학적 조성은 트라이글리세라이드(triglycerides)와 왁스(wax), 에스테르(ester)가 많다. 트라이글리세라이드(triglycerides)는 지방산(fatty acid)과 글리세린(glycerin)으로 분해되며 지방산(fatty acid)은 피부 표면에 산피막(피지막)을 만들어 외부의 자극이나 세균으로부터 피부를 보호하고 각질층에 필요한 수분 함량을 조절하는 천연보호막으로 작용한다.

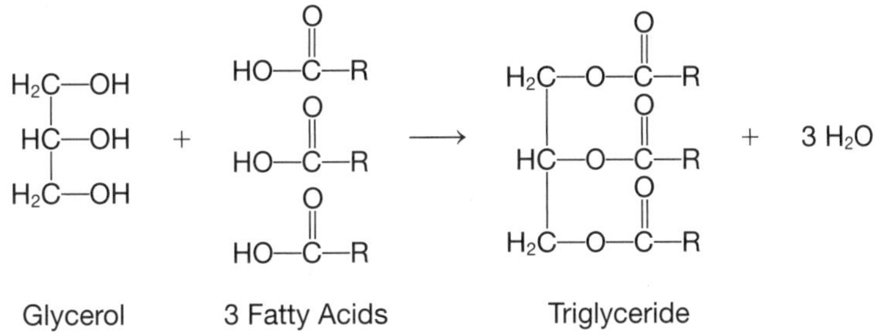

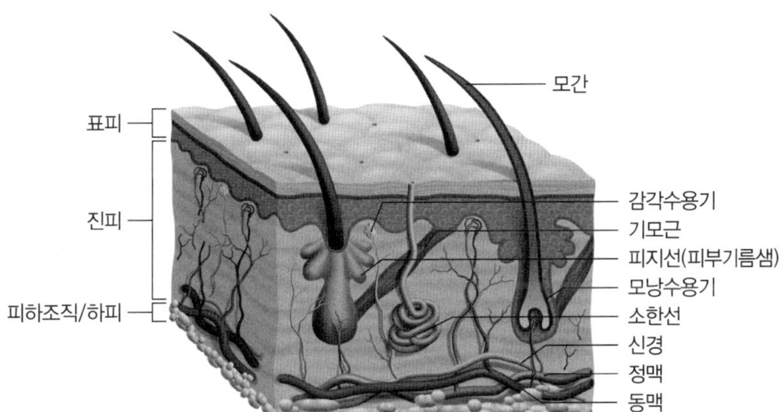

그림 2.3 피부의 3차원 구조: 한선, 피지선.

TIP 2-2

▸ **지루성 피부염**

장기간 지속되는 습진의 일종으로, 주로 피지샘의 활동이 증가하여 피지 분비가 왕성한 두피와 얼굴 그 중에서도 눈썹, 코, 입술 주위, 귀, 겨드랑이, 가슴, 서혜부 등에 발생하는 만성 염증성 피부질환이다. 원인은 피지의 과잉 분비, 면역체계의 이상, 노폐물의 배출 통로가 좁아져서 염증이 발생할 수 있다.

증상은 생후 3개월 이내 그리고 40~70세 사이에 발생 빈도가 높으며 유아에서는 성별 간의 차이가 없으나 성인은 남성에게 더 흔하며 지성 피부와 관련이 있다. 홍반 위에 발생한 건성 혹은 기름기가 있는 노란비늘(인설)이 특징이며, 가려움증을 동반할 수 있다. 호전과 악화를 되풀이하며 전신에 나타날 수도 있으나 한 부위에 국한된 발진으로 나타나며, 두피에 쌀겨 모양의 표피탈락 현상을 비듬이라 한다.

얼굴의 지루성 피부염은 뺨, 코, 이마에 구진성(1 cm 미만 크기로 솟아오름) 발진으로 나타날 수 있다. 쉽게 벗겨지는 비늘과 홍반이 눈썹에서 발견되고, 비늘 밑의 피부는 붉은색, 눈꺼풀은 황적색을 띠며, 미세한 비늘로 덮여 있는 경우가 있다.

2. 표피의 층상구조

1) 표피(Epidermis): 각질층, 투명층, 과립층, 유극층, 기저층

가장 바깥쪽에 위치하여 혈관이 없으며 외부 환경과 접하고 있는 층으로 각질형성세포(keratinocyte, 케라티노사이트)가 10층 정도 두께로 형성하고 있다. 표피의 두께는 0.1~0.3 mm이며, 화장품과 가장 밀접한 관련을 가진다. 표피층은 5개의 층으로 구성된다.

(1) 각질층(Stratum corneum or Horny layer, 비늘층)

피부의 가장 표면에 있으며 케라틴(keratin)이라는 단백질(protein)로 구성되어 있다. 그 성분은 케라틴(59%), NMF(31~38%), 세포간 지질(11%), 수분(10~20%) 등으로 구성되어 있다. 핵이 없는 편평한 세포가 납작한 모양이고, 여러 겹으로 쌓여 각질세포끼리 밀착하고 있다. 각질의 크기는 매우 다양하고 전하를 띠며 불용성이다. 밀착된 각질세포 사이에는 지질, NMF(천연보습인자)와 수분이 존재하여 피부를 촉촉하게 유지하면서 세포 신호전달, 세포증식 조절 등을 한다.

기저층(70% 수분)의 세포가 각질층에 도달하면(20% 수분) 각질세포로 변한다. 각질층의 세포는 5~20% 수분이 적당하지만 15% 이하로 떨어지면 건조한 피부가 된다. 밀착된 각질 세포 사이에 존재하는 지질과 천연보습 인자가 있으며, 지질은 불수용성의 오일 성분으로 극성지질, 비극성지질들이 존재한다.

❶ 극성 지질

인지질(phospholipids), 당지질(glycolipids), 콜레스테롤(cholesterol)

❷ 비극성지질

트리글리세라이드(triglycerides), 스쿠알렌(squalene), 왁스류(wases)

TIP 2-3

▶ **천연보습인자**(NMF, natural moisturizing factor)

어떤 종류의 아미노산이나 핵산, 혹은 젖산 등의 염류의 혼합물로 피부와 모발에 수분을 일정하게 유지하려고 하는 물질이다.

TIP 2-4

▶ **메르켈 세포**(Merkel cell)

신경섬유가 밀집하고 피부신경의 내분비를 담당하는 상피성 촉각세포이다.

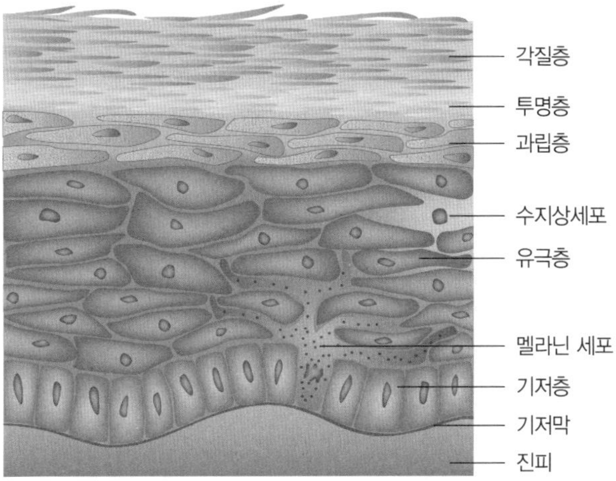

그림 2.4 피부의 표피 구조 및 표피 속의 세포들.

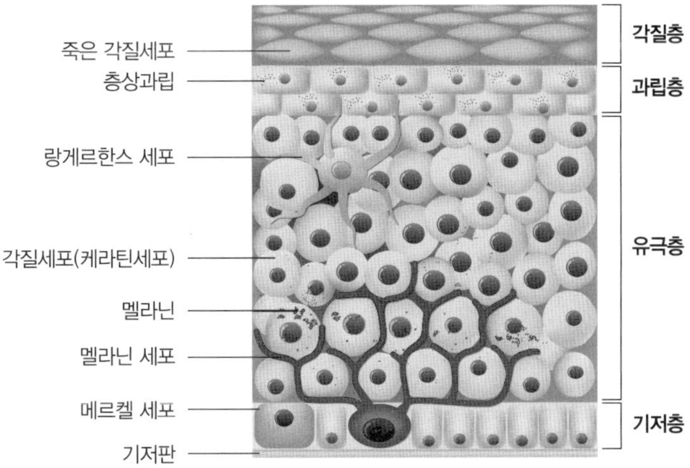

그림 2.5 피부의 4가지 층에 대한 모식도: 세포 변화 과정을 표현.

TIP 2-5

▶ **케라틴**(Karatin)

단백질로 포유류에서만 발견이 되며 α-케라틴, β-케라틴로 나누어지고, β-케라틴은 이황화 결합의 생성으로 2차 구조가 평면형이 된다. 습도, 온도, pH 등의 변화에 두 형태가 가역적으로 전환된다. 미용실에서 퍼머를 하는 것은 머리카락의 케라틴 단백질에 온도와 pH 변화를 주어 인위적으로 이황화 결합을 생성해내는 방법이다.

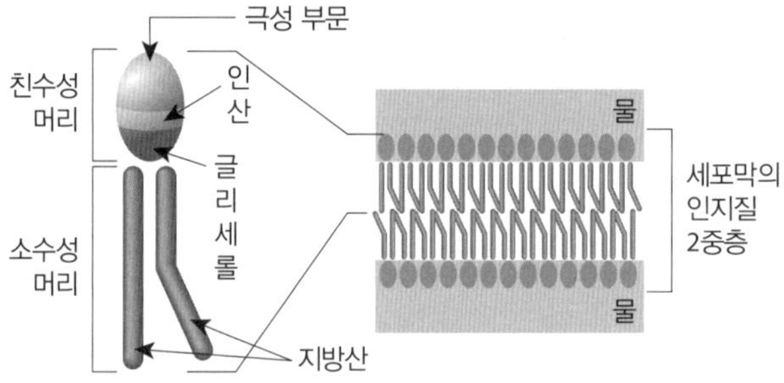

그림 2.6 인지질의 구조.

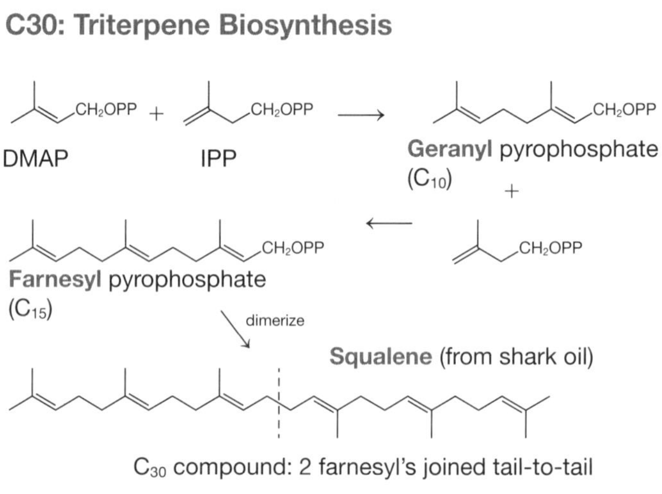

그림 2.7 스쿠알렌(squalene)의 합성과 구조.

(2) 투명층(Stratum lucidum or Lucid layer)

생명력이 없는 무색, 무핵 세포로 빛을 통과할 수 있는 밝고 투명한 층으로 각질층과 과립층 사이에 있다. 모든 피부에 존재는 하지만 얇은 피부에서는 식별이 쉽지 않고 손바닥, 발바닥에서 뚜렷하다. 외부로부터 직접적인 손상을 방어한다. 다른 세포층에서 볼 수 없는 엘라이딘(elaidin)이 존재하며 작은 물방울 모양의 투명한 물질로 케라틴(keratin)으로 변해가는 중간물질이다. **엘라이딘(elaidin)이 굳어져서 각질이 된다.**

(3) 과립층(Stratum granulosum, Granular layer)

핵이 없는 죽은 세포로 유극층에서 올라온 세포들이 천연보습 인자와 지질을 외부로 배출하고 자신은 수축되는 자기융해(세포파괴) 과정이 일어나면서 과립(granular, 각질 초자질 keratohyalin)이 쌓이기 때문이다. 과립을 가진 세포는 각화효소를 함유하므로 각질화(keratinization)가 시작된다. 방추형의 세포로 구성되어 피부의 중요한 방어막 역할, 즉 수분증발(수분 30%)을 막아주는 역할을 한다(수분 저지막 역할).

TIP 2-6

▶ **영지버섯**(Ganoderma lucidum)

성분은 쿠마린, 글루칸, 베타인, 에르고스테롤, 글루코사민, 푸마르산, 디벤조피렌 등이고 작용은 면역체계에 관여하고 황산화 작용과 암에 대한 저항력을 가지며 위산 분비를 억제하는 기능이 있다. 항암 효과가 뛰어나 현대의 불로초라 불리며 십장생의 하나로 성인병 예방에 효과가 뛰어나 약재로도 사용되는 버섯이다. 영지를 약용한 것으로 맛은 쓰고 성질은 차며, 신체허약에 정기를 증강시키고 잠이 잘 오지 않고 꿈이 많을 때에 사용한다.

- **섭취 및 궁합 음식**: 차로 달여서 마시고 감초와 같이 달여 마시면 쓴맛을 어느 정도 제거할 수 있다.
- **다이어트**: 저칼로리에 식이섬유소가 풍부하여 변비를 개선하고 비만을 예방한다.
- **효능**: 성인병예방 칼륨, 칼슘, 인 등이 풍부하며 불포화지방산이 많아 성인병 예방에 효과가 좋다.

(4) 유극층(Stratum spinosum): 가시층(spinosus), prickle cell

표피 중에서 가장 두꺼운 층으로 기저층과 과립층 사이에 존재하며 가시 같은 돌기가 나와 있어 세포끼리 다리 모양(세포간교)으로 연결되어 있다. 모양은 원주상과 방추형의 중간모양의 다각형으로 보인다. 유극층과 기저층은 살아 있는 세포로 구성된 말피기층으로 각화 과정의 시작과 진행에 매우 중요한 역할을 한다. 데스모좀(교소체)단백질, 랑게르한스 세포로 구성하고 피부를 탄력 있게 만들며 뼈대를 형성해주는 역할을 담당한다. 그리고 수분은 70% 정도 함유하고 있다.

TIP 2-7

유극층은 건강한 피부일수록 두껍고 노화가 진행될수록 두께는 얇아진다.

피부의 면역기능을 하는 랑게르한스 세포(langerhans' cell)가 존재하여 세포 사이로 이동하는 림프액이 혈액순환이나 세포의 물질교환을 돕는다. 세포의 세포질에는 RNA 합성이 왕성하고 많아서 염기호성이다. 주 기능은 세라마이드, 보습인자 등 피부에 필요한 여러 성분을 합성하고 조절하는 역할을 하며 세포분열이 일어나 상처 입은 피부를 재생(회복)한다.

TIP 2-8

▶ **데스모좀**(Desmosome)

세포간 접착제 역할, 즉 세포와 세포 사이를 연결하여 단단하게 해주는 결합체 역할을 하는데, 이 결합이 약해지면 외부에서 들어오는 박테리아, 자외선, 이물질들의 방어 능력이 감소하여 알레르기 반응을 유발한다.

▶ **랑게르한스세포**(Langerhans cell)

피부에 침입하는 바이러스 등과 같은 세균을 방어하는 면역인식 세포이고 림프구와 관련되어 있어서 영양분을 전달하고 세포에서 배출된 독소나 노폐물을 제거하여 피부암을 예방한다. 자외선에 의해서 이 세포의 수가 감소되면 피부 알레르기, 접촉성 피부염 등이 발생할 수 있다.

(5) 기저층(Stratum basal or Basal layer): 각질세포, 색소세포

표피의 가장 내면에 위치하며 단층의 원추형(쌀알 모양), 입방세포로 구성하고 세포는 약 70%가 수분을 함유하고 물결 모양으로 진피와 구분된다. 주 기능은 케라틴 형성세포가 진피 유두에 있는 모세혈관으로부터 산소와 영양분을 공급받아 세포분열을 하여 새로운 세포를 만든다.

2) 세포분화 과정

생성된 세포(기저층) → 유극층 → 과립층 → 투명층 → 각질층 → 각화

색소 세포(melanocyte)는 자외선에 노출되면 생화학 반응을 일으켜 멜라닌으로 바뀌므로 피부색이 갈색으로 변한다. 피부색의 차이는 멜라닌을 만드는 멜라닌 세포의 수는 같고, 색소 세포의 활성도에 따라 다르다. 또 생성되는 색소의 양, 생성 속도, 분포 상태에 따라서 다르다.

3) Turn over cycle

분화시간 14일, 탈리시간 14일 합하여 28일이 주기가 된다.

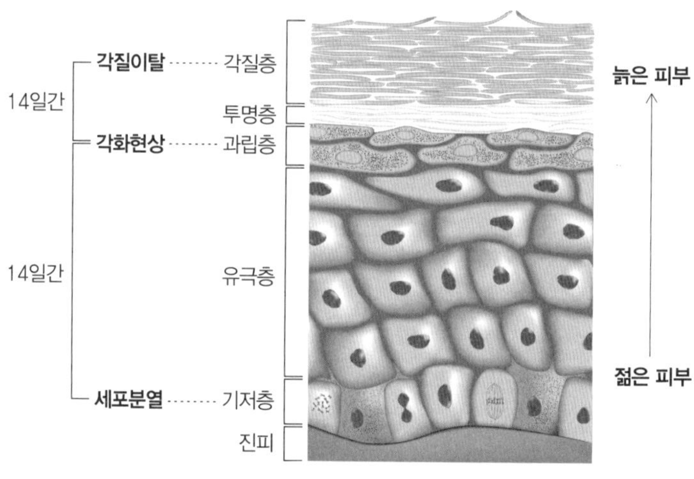

그림 2.8 각질세포의 분열 과정(turn over cycle).

TIP 2-9

▶ **피부색을 결정하는 인자**

- 멜라닌 색소
- 혈액
- 카로틴

TIP 2-10

글리콜산(glycollic acid), 알란토인(allantoin)은 달팽이 점액 성분으로 각질 주기를 당겨 피부트러블을 예방하는 기능을 하며 새로운 조직의 성장을 촉진시키기 때문에 손상된 피부의 진정과 모공 수축에 효과적으로 작용한다.

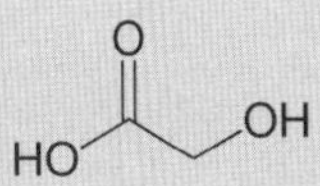

TIP 2-11

▶ **글리콜산**(Glycollic acid, 하이드록시아세트산)

시성식 $HOCH_2COOH$. 물에서는 무색의 바늘 모양 결정이고, 에테르에서는 나뭇잎 모양 결정으로 얻어지며, 녹는점 80°C이고 물, 에탄올, 에테르에 녹는다. 덜 익은 열매나 잎, 사탕옥수수 등에 함유되어 있다.

클로로아세트산을 탄산바륨으로 가수분해하면 생성되고, 산화하면 글리옥살산 또는 옥살산을 생성하므로 피부나 점막 등에 약간 자극성이 있다. 냄새와 맛이 없는 흡습성 고체로 다양한 피부 보호 제품에 사용된다.

TIP 2-12

▶ **알란토인**(Allantoin 5-ureidohydantoin)

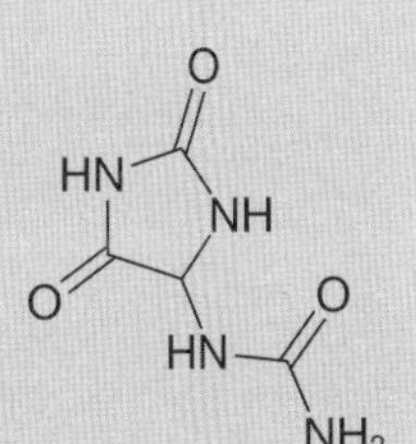

글리옥실산(glyoxylic acid)의 유레이드(ureide) 화합물로, 주로 화장품과 약의 성분으로 사용된다. 여러해살이 풀인 캄프리(comfrey), 상수리나무, 밀의 싹 등에서 추출한 천연물질로 고분자 유기물을 분해하여 저분자 물질로 만드는 과정인 이화작용에 의해 생성된 요산 산화물을 정제해 얻는다.

산 세포와 죽은 세포 사이의 세포간질에 함수를 증가시켜 각질을 제거하고, 피부에 수분을 주어 피부를 부드럽게 하며 세포의 분아 번식을 증진시켜 피부의 상처에 치유를 돕는다. 그리고 자극과 항원에 민감한 피부를 보호하는 효과가 있으며 가려움증이나 아토피 치료에 스테로이드 요법이 아닌 치료제로 사용된다. 주로 생화학적 재처리를 통하여 신진대사를 촉진시키는 약이나 화장품의 성분으로 사용되며 현재까지 알레르기나 부작용 사례가 없어서 화장품의 성분으로 많이 활용되고 있다.

피부보호 작용에 효과적이어서 다른 화학성분보다 훨씬 안전한 것으로 알려졌다. 이용은 치약, 양치질 약 등의 구강 위생제품과 샴푸, 여드름 약, 햇빛에 탄 피부 진정크림, 화장 크림 등의 화장품과 의약품에 사용된다.

4) 각화(Keratinization): (Turn over cycle) 피부장벽 만들기

표피세포의 분화과정을 나타낸다. 과립층에서 각질초자질의 작용으로 각화가 시작된다. 과립세포까지는 핵을 가지고 있고, 세포질이 각질세포가 되면서 핵이 없어지고 엘라이딘이 변화되고 굳어져서 케라틴으로 각질화되어 피부로부터 분리되는 박리현상(desquamation)을 통하여 떨어져 나간다.

5) 세포분화과정

새로운 세포(기저층) → 유극세포(유극층) → 각질초자질(과립층) →
엘라이딘(투명층) → 케라틴(각질층) → 각질

각화가 순조롭게 진행되기 위해서는 동물성 단백질과 비타민 A가 필요하며, 비타민 C는 각화를 도와준다. 순조롭게 진행되지 않으면(피부영양 불량 상태) 피부 표면은 거칠어지고 미세한 각질 조각이 떨어진다. 각화가 가장 활발한 시간은 사람이 휴식을 취하는 밤 12~4시 사이에 주로 일어난다.

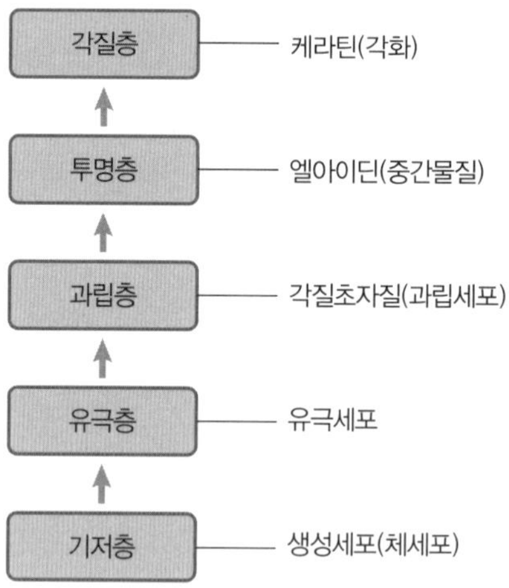

그림 2.9 세포분열 단계.

6) 박리작용(Desquamation)의 원리

교소체의 분해가 각질 세포 박리에 중요하다. 각질층의 기질 구성 성분의 변화, 각질층 수분 함유량의 변화, pH의 변화, 당분해효소(glycosidase)와 다른 효소들의 활동이 모두 박리과정에 영향을 미친다(달팽이 점액 TOC 토너). 박리 주기는 보통 2~4주이나 사람에 따라 다를 수 있다.

(1) 박리효소 2가지

❶ 키모트립신(chymotrypsin)

단백질의 펩타이드 결합을 절단하는 효소, pH = 8에서 활발하게 작용한다.

❷ 트립신유사효소(trypsin-like enzyme)

세린 단백질 분해효소(serine protease)로 알려져 있다.

TIP **2-13**

▶ **교소체**

물질과 물질의 다리 역할을 하는 작은 물질로 피부의 상층과 하층을 연결해주는 결합 물질이다.

TIP **2-14**

▶ **어린선**(Ichthyosis group)

피부 표면의 각질이 떨어져나가는 비염증성으로 반복되는 피부 질병이다. 자극이 적은 보습제와 부드러운 각질 제거가 요구된다. 무수베이스(anhydrous base, 순도 높은 에탄올)에 2% 살리실산(salicylic acid)이 들어간 제품을 사용한다.

TIP **2-15**

▶ **건선**(Psoriasis)

과각화증(hyperkeratosis, hyperproliferative disease)으로 각질형성세포가 매우 빠르게 분화하고 박리가 느린 현상으로 유전이 되며 면역, 생화학. 심리적 요소를 동반한다.

3. 표피를 구성하는 세포

1) 세포군

표피에는 발생 기원과 작용이 다른 두 종류의 세포가 존재한다.

(1) 각질형성세포(각화세포, Keratinocyte)

기저층에 존재하며, 기지세포 → 가시세포(prickle cell) → 과립세포 → 각화세포(horny cell)로 분열하고 표출하여 피부 표면으로부터 탈락하게 된다.

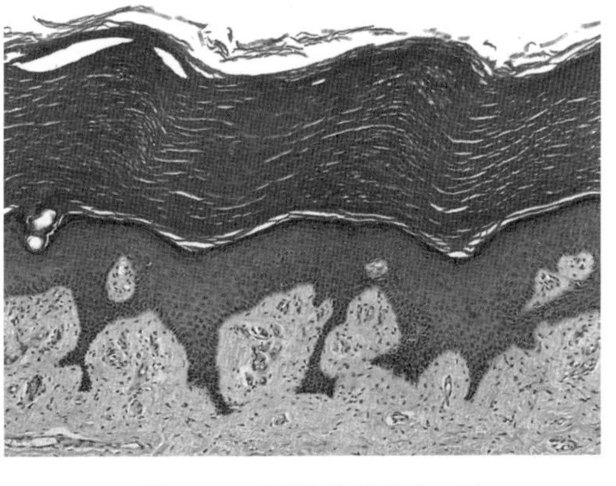

그림 2.10 각질층을 확대한 그림.

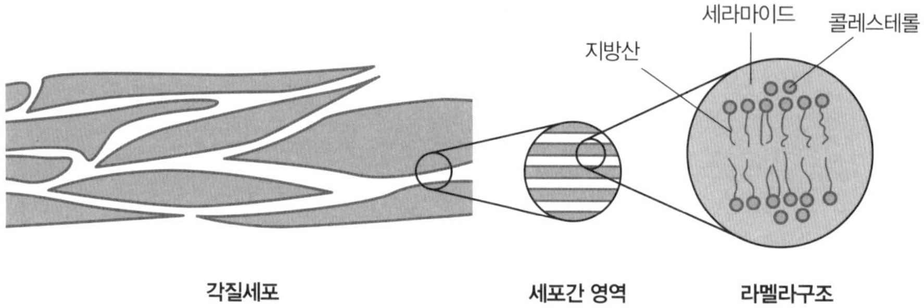

그림 2.11 각질의 이중구조.

(2) 수상세포(Dendritic cell)

❶ 멜라닌세포(Melanocyte)

멜라닌을 생성하고 피부의 색과 관련이 깊다. 인종(백인, 황인, 흑인)의 차이는 멜라닌 세포의 수는 차이가 없지만 멜라닌 색소의 양과 질이 다르기 때문이다. 멜라닌 색소는 각질형성세포의 핵 위에 있으며 36개의 세포에 색소를 전달한다. 기저층에 존재하며 멜라닌 색소는 단백질의 일종인 티로신(tyrosine)이므로 티로신아제 효소가 여러 가지 복합과정을 거쳐 멜라닌색소를 합성한다. 멜라닌 색소의 기능은 자외선을 흡수하거나 분산시켜 체내에 자외선을 차단하여 피부 보호 작용을 한다.

❷ 랑게르한스세포(Langerhans cell)

항원 전달세포(T 림프구)로 별 모양 가지 돌기를 가지고 유극층에 존재하며 구강 점막, 식도, 질, 모낭, 기름샘, 림프절 등에 있다. 순환계와 면역작용에 중요한 세포이다.

❸ 메르켈세포(상피성 촉각세포, Merkel cell)

불규칙한 모양으로 핵을 갖고 표피 전체에 퍼져 있다. 밑층의 결합조직에 대한 표피의 운동을 감지한다.

TIP 2-16

▸ T 림프구

백혈구의 일종으로 림프구 중 3/4을 차지하며 백혈구 중에서도 30% 정도이고 세포성 면역에 관여하며 면역기능이나 알레르기와 관련이 있다. 가슴샘(흉선)에서 성숙하며 가슴샘에는 아직 분화되기 전인 T 림프구의 전구세포들이 존재한다. 외부에서 침입하는 병원체에 대한 방어에 중요한 작용을 한다. 세포성 면역에 관여하며 항체를 생성하여 방어를 하는 림프구와 구별된다. 관련 질병은 결핵, 후천성 면역 결핍증, 바이러스 감염, 알레르기, 말초 T 림프구 림프종 등에 영향을 미친다.

4. 피부와 효소의 반응

1) 세포 변화

피부에서는 효소반응(생화학 반응은 효소 반응임)을 한다. 각질형성세포는 매우 많은 변화를 거쳐서 각질이 된다. 즉, 세포원형질에서 케라틴 단백질(keratin protein)로의 변화가 일어난다.

몇 가지 생화학반응(기질: substrate, 효소: enzyme)을 나타내면

❶ 포도당 + 인 + 헥소키나아제 → 글루코스인산 + 헥소키나아제

❷ 가역반응

젖산 + 젖산 디하이드로게나제 ↔ 피루브산 + 젖산 디하이드로게나제

젖산 + NAD^+ + LDH ↔ 피루브산 + $NADH^+$ + 수소(H) + LDH

❸ 단백질(keratin) + 브로멜린(bromelain) → 펩티드(peptides) + bromelain

TIP 2-17

▶ **효소반응**(Enzyme reaction)

촉매로 이용되는 반응으로 생체에서의 화학반응은 거의 모두 효소반응이다. 효소와 기질이 결합하여 복합체를 형성하고 다시 해리하여 반응산물과 유리의 효소로 되는 반응이고 가역적이다.

TIP 2-18

대부분의 제어 기구에 의해 단백질 합성을 목적으로 조절되고 각종 유도인자에 의해 단백질의 생합성이 변동하는 형태에서의 조절도 있다.

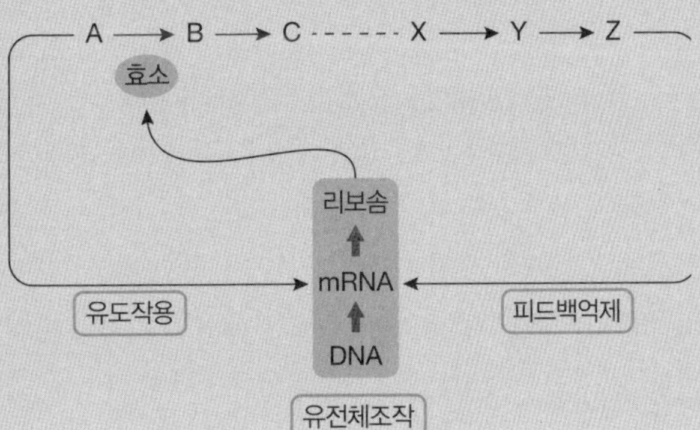

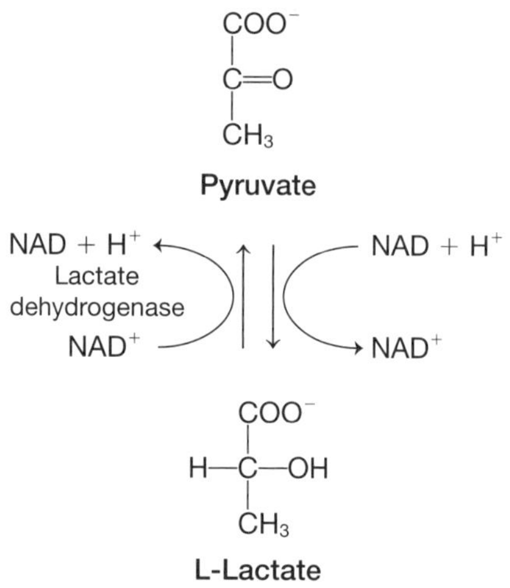

그림 2.12 포도당의 대사과정. 피루브산에서 젖산으로의 변화

5. 진피의 층상구조

진피(dermis)는 피부의 90% 이상을 차지하며 피부의 물리적 강도를 유지시키는 가장 넓은 부분이다. 지방층과 연결되는 불규칙하고 치밀한 아교섬유 결합조직으로 두께가 0.5~4 mm 정도이며, 표피보다 두꺼운 층이다. 땀샘, 모낭, 지선 등이 있으며 피부의 생리적 기능의 태반은 여기에서 일어난다. 표피는 베어도 출혈이 없고 아프지도 않지만, 그것이 진피까지 달하면 출혈이 있고 아픔을 느낀다. 또 진피의 얕은 층에는 흑갈색의 멜라닌 과립을 가진 세포가 산재되어 있으며 표피의 최고 심층의 세포가 함유하는 멜라닌 과립과 함께 피층의 색상을 표현한다.

1) 유두층(Papillary layer)

진피의 1/5에 해당하는 두께로 아교섬유가 물결모양으로 배열하고 있는 결합조직으로 피부의 신경종말기관도 존재한다. 수분이 아교섬유 사이에 많이 함유되어 피부의 팽창과 탄력도에 영향을 준다. 진피와 표피를 연결하고 유두체와 모세혈관이 분포되어 표피의 전체에 영양을 공급하며 촉각과 통각에 관여하는 신경전달물질도 존재한다. 피부노화가 진행되면 물결 모양이 납작해져가기 때문에 노화의 진행 정도를 예측할 수 있다. 피부미용의 관점에서 보면 피부탄력에 중요한 역할을 한다.

2) 망상층(Reticular layer)

유두층 아래에 있는 단단하고 불규칙한 결합조직이다. 콜라겐(collagen, 진피 70%)과 엘라스틴(elastin, 진피 2~3%)이 서로 엇갈린 그물구조 모양으로 되어 있다.

콜라겐은 아교성 섬유성 단백질로 피부를 튼튼하게 해주고 모양을 만들어주며, 유연성을 부여해서 자외선 또는 외부 자극을 받아 유연성을 잃어버리게 되면 단백질의 당화가 일어나 피부가 굳어져 피부의 함몰이 생기고 주름살이 나타난다. 그리고 콜라겐이 부족하면 피부에 잡티가 생긴다. 콜라겐의 역할은 피부의 지지작용과 한선을 통해서 수분을 공급하며 지혈작용을 해서 상처를 치유한다.

엘라스틴은 탄성이 강한 단백질 섬유로 가교결합을 통하여 피부의 탄력을 주고 굴절과 신축성이 강해 1.5배 정도 늘어나며 그물구조에서 탄력 있는 그물 역할을 한다.

기질은 뮤코점 다당질로 콜라겐과 엘라스틴 사이를 채우고 있는 점성이 강한 물질로 성분은 히알루론산과 콘드로이친황산으로 되어 있다. 히알루론산과 콘드로이친황산은 친수성 물질이고, 물에 녹아 끈적한 액체 상태로 자신의 무게의 200~1000배의 수분을 흡수하는 진피의 보습인자로 수분 유지, 노화 예방에 중요한 역할을 한다.

섬유아세포(fibroblast cell)는 결합조직세포라고 하며, 콜라겐, 엘라스틴, 기질을 만들어 내는 역할을 한다.

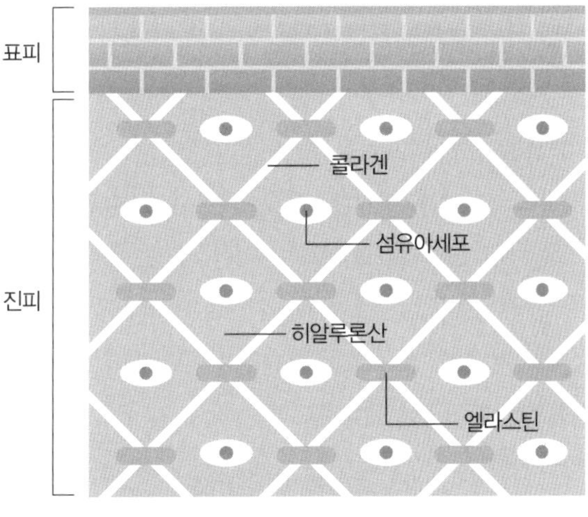

그림 2.13 진피의 구조.

무형성 세포간질인 천연보습인자(NMF)가 존재하여 세포의 신진대사와 피부의 긴장 상태를 유지시켜준다. 진피를 구성하는 성분인 콜라겐(collagen)과 엘라스틴(elastin), 히알루론산(hyaluronic acid) 등은 새로운 화장품의 성분으로 인기를 받고 있다.

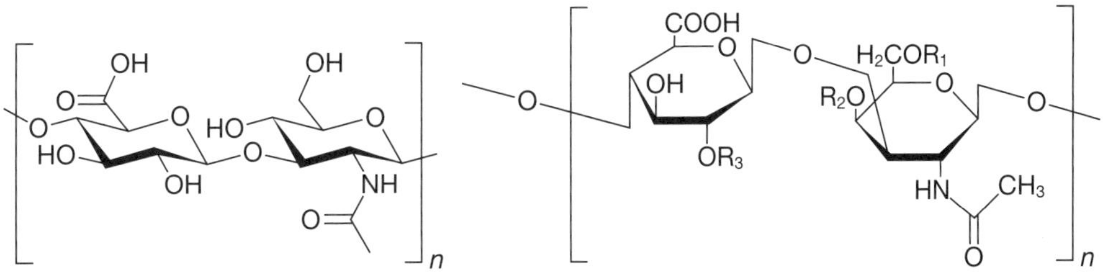

그림 2.14 히알루론산(hyaluronic acid) 구조 및 글리코스아미노글리칸(glycosaminoglycans)의 구조.

(1) 콜라겐(collagen)섬유(교원섬유)

진피의 70%를 차지하는 아교질 섬유성 단백질로 피부를 튼튼하게 해주고, 모양을 유지해주며 유연성을 갖는다. 콜라겐 섬유가 자외선이나 여러 가지 이유로 유연성을 잃거나 굳어지면(단백질 당화) 피부가 함몰되고 주름살로 변화되어 노화현상이 된다. 또 콜라겐이 부족하면 잡티의 수가 증가하는 경향이 있으며 굵기가 일정하지 않은 교원질원섬유 다발로 섬유아세포(fibroblast cell)에서 생산되어 콜라겐아제(collagenase) 효소에 의해 수용성 콜라겐으로 바뀌어 모세혈관에 흡수되어 대사된다.

TIP 2-19

▶ **콜라겐의 역할**

- 피부 지지층의 역할
- 수분 공급(한선에 수분 공급)
- 피부 자극 완화
- 상처 치유에 기여(혈액의 혈소판과 같이 작용하여 지혈작용을 함)

(2) 엘라스틴 섬유(탄력 섬유)

진피 성분의 2~3%를 차지는 탄성이 매우 풍부한 단백질 섬유로 가교결합을 만들어 피부의 탄력과 연관이 있다. 층판 모양으로 존재하며 섬유의 굵기는 1~4 μm로 콜라겐 섬유보다 가늘고 섬유아세포에 의하여 만들어진다. 굴절성과 신축성이 강해 1.5배까지 늘어나며 피부 파열을 방지하는 스프링이라고도 볼 수 있다.

(3) 기질(초질, 간충 물질; Ground substances)

뮤코 점다당질(mucopoly-saccharide)로 교원섬유와 탄력섬유의 사이사이를 채우고 있는 점성이 강한 물질이다. 주로 히알루론산과 콘드로이친황산으로 이루어져 있으며, 친수성 다당체로 물에 녹아 끈적한 액체 상태로 존재하는 뮤코다당류로 존재한다.

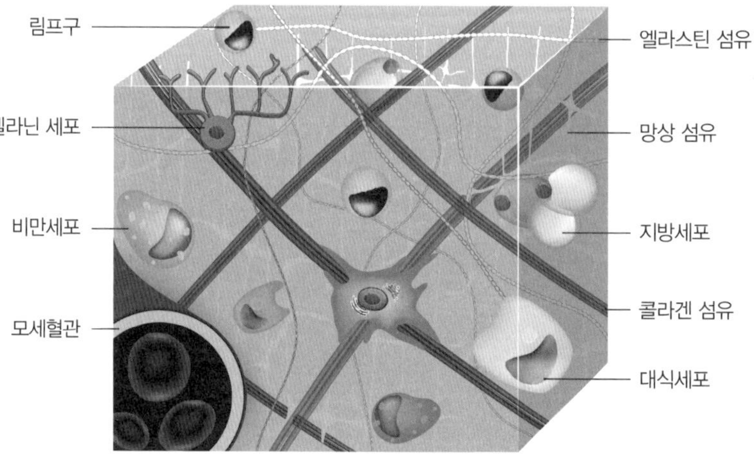

그림 2.15 진피섬유의 모습. collagen(아교질 섬유), elastin(탄력섬유).

자신 무게의 200~1000배의 수분을 흡수하며 진피의 보습인자로 수분유지, 노화방지 등에 중요한 역할을 한다. Glycosaminoglycan(GAG), Polypeptide, Condroitin sulfate C와 Heparin, Heparin sulfate 등의 성분을 함유하고 있다.

6. 피부기능

1) 보호 기능

각질층은 케라틴이라는 단백질이 피부의 탄력성과 유연성을 가지며 외부 환경 변화에 저항하여 피부를 보호한다. 각질층의 천연 피지막은 약산성(pH: 4.5~6.5)으로 유지하고 유해한 외부 자극으로부터 화학적인 완충 능력을 가진다. 또 진균이나 세균의 발육, 증식을 억제한다. 인체의 수분, 혈액, 영양소 등의 손실 차단과 멜라닌이 자외선으로부터 보호한다.

2) 감각 기능

피부에는 신경 섬유가 표피 내부까지 존재하고 있어서 외부 환경 변화를 인지하여 다양한 감각을 가진다. 피부감각에는 촉각, 온각, 압각, 냉각, 통각 등이 있다.

3) 체온 조절 기능

피부는 온도 변화에 따라 모세혈관의 확장, 수축으로 체온을 일정하게 유지시키는 항온동물이다. 더운 환경에서는 모세혈관이 확장되어 땀을 배출하여 체온을 낮추고, 추운 환경에서는 모세혈관의 수축과 지방층이 열의 발산을 막아서 체온을 조절하는 기능이 있다.

4) 분비 · 배설 기능

피부의 분비 · 배설 기능은 피지선과 한선에 의해서 일어난다. 피지와 땀을 분비하여 피부 표면에서 혼합하여 천연 피지막을 만들어 피부를 보호한다. 땀은 99% 이상이 수분이고 아미노산, 젖산, 요산, 요소, 염분과 무기질이 포함된다. 피지는 남자가 여자보다 많고 온도가 높을수록 분비량이 많아진다.

5) 흡수 기능

피부는 선택적으로 여러 가지 물질을 흡수한다. 피부의 각층은 소수성이므로 물이나 수용성 성분을 흡수하지 않는다. 반대로 입자가 작고, 광산란도가 큰 물질인 스테로이드성 호르몬이나 지용성 비타민류 등은 모낭이나 피지선을 통하여 흡수한다.

6) 비타민 D 합성

우리 몸은 필요한 비타민 D를 두 가지 방법으로 얻는다. 첫째, 우유를 비롯한 음식으로 섭취한다. 둘째, 피부에서 비타민 D를 합성한다.

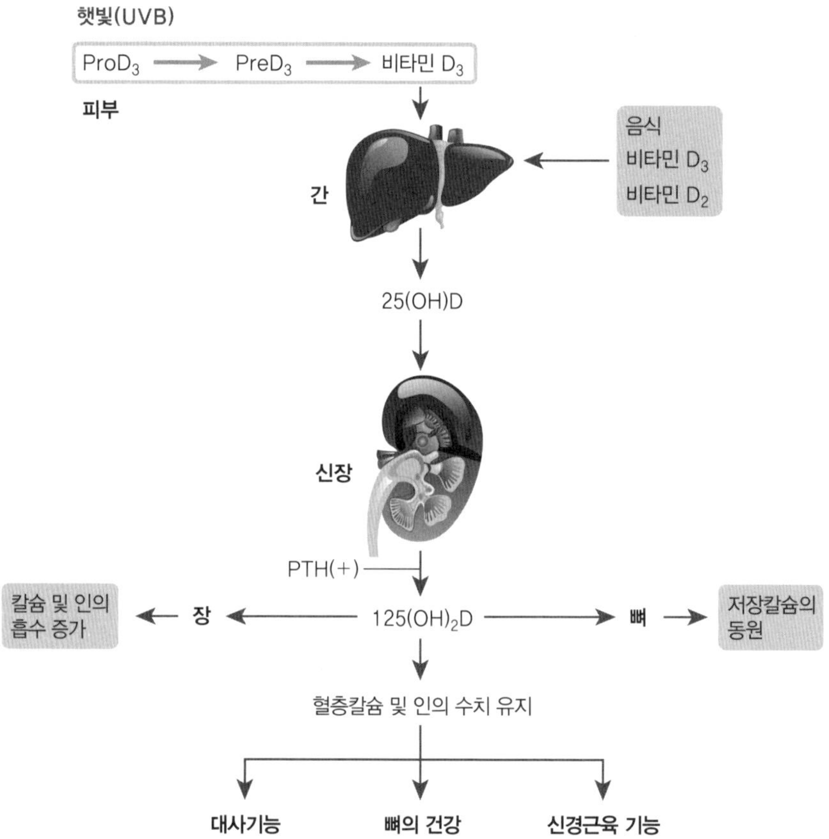

그림 2.16 비타민 D 합성과 그 작용.

성인이 하루에 필요한 비타민 D의 양은 2000~4000단위(우유 한 컵당 100단위) 정도이나 반팔의 일상복으로 자외선을 5~20분 받을 시 비타민 D가 10,000단위가 생성된다. 비타민 D의 역할은 인(P)을 흡수하고 칼슘(Ca^{2+}) 양을 유지시킨다.

7) 면역작용

피부 속에 이물질이나 세균 등의 유해한 물질이 들어오면 이것에 대항하는 물질을 만들어 내는 면역작용을 한다. 피부의 면역을 담당하는 세포는 랑게르한스세포(수지상 세포)이고 유극층에 존재하며 구강 및 생식기 점막의 상피와 림프절 및 피지선, 한선, 유선, 모낭세포 등에 존재한다. 피부에 맞지 않는 화장품이나 기타 이물질이 피부에 도포할 때 알레르기 반응 등의 이상 증상이 발생하게 된다.

8) 사람의 외모 결정

피부의 상태, 모양, 특성에 따라 사람의 외모가 결정된다. 젊을 때의 피부, 중년의 피부, 노년의 피부를 보면 나이에 따라 피부가 변화하고 있기 때문이다.

TIP 2-20

▶ **피부에 화장품을 도포를 하는 이유**

❶ **세정**
피부 표면의 노폐물이나 화장 잔여물 제거로 피부를 청결하게 한다.

❷ **피부 정돈**
변화된 피부의 pH를 정상화하고, 유분과 수분의 균형을 유지시킨다.

❸ **피부 보호**
피부 표면의 건조를 방지하고 천연 피지막의 보충 역할을 한다.

❹ **화장품 도포의 효과**
- 피부를 청결하게 유지하고 보습을 유지할 수 있다.
- 피부의 각화 현상을 정상화할 수 있다.
- 피부의 재생을 돕는다.
- 피부의 탄력성을 부여한다.
- 피지의 분비 기능을 정상화할 수 있다.

7. 피부의 타입과 특성

1) 정상(중성) 피부(Normal skin)

피지 분비의 정상적인 기능으로 유분과 수분의 균형이 적절하게 조화를 이루어 피부 표면이 매끄럽고 윤기가 있으며 촉촉하고 부드러운 이상적인 피부 유형으로 외부 환경 요인이나 계절적인 변화, 영양상태, 심리적 요인 등에 의하여 다른 피부 유형으로 변화되기 쉬우므로 규칙적인 관리가 필요하다.

(1) 화장품의 도포 목적

정상적인 상태를 유지하기 위한 피부의 영양 공급과 유 · 수분밸런스, 노화예방 관리를 하고자 한다.

(2) 화장품의 도포

❶ 주 1회 크림이나 효소 타입의 딥클렌징 제품으로 죽은 각질과 노폐물을 제거한다. 세안제, 팩, 스크럽제 등 지나친 제품의 남용을 피한다.

❷ NMF, 콜라겐, 히알루론산 등의 보습 성분과 비타민 A, E 등 노화방지 성분을 함께 함유한 화장수, 로션, 크림 등을 사용하여 관리한다.

2) 건성 피부(Dry skin)

피지와 수분의 부족으로 윤기가 없으며 각질이 일어나고 피부가 얇은 특징을 지니며 피부의 당김이 심하다.

(1) 화장품의 도포 목적

피부의 보습기능과 피지의 분비기능을 원활하게 해서 피부의 건조와 노화를 예방하고자 한다.

(2) 화장품의 도포

❶ 비누 세안보다는 밀크 타입이나 크림 타입의 클렌징제를 이용하여 관리하는 것이 좋고, 더운물보다는 미지근한 물에 세안을 하는 것이 좋다.

❷ 보습 기능이 좋은 제품을 사용하는 것이 좋으며, 크림도 세라마이드나 콜라겐, 히알루론산, 호호바 오일 등 유분과 수분을 보충해 주는 성분을 가진 제품을 사용한다.

3) 지성 피부(Oily skin)

각질층이 두껍고 탁해 보이고 피부가 거칠며 모공이 크고, 피지가 과다 분비되어 항상 번들거리며 모공이 막혀 면포나 여드름이 생기기 쉽다. 화장이 잘 받지 않으며 잘 지워지고 외부 자극에 대한 저항력이 강하다.

(1) 화장품의 도포 목적

피지 제거 및 피지 과잉 분비를 억제하여 피부 트러블을 감소시키고, 피지선과 한선의 기능을 정상화하려 한다.

(2) 화장품의 도포

❶ 주 1~2회 정도 효소나 스크럽제, 고마쥐 타입을 이용해 딥클렌징을 하고, 피지 흡착이 높은 클레이 마스크를 한다. 화장품은 유분이 적거나 들어 있지 않은 오일프리(oil free) 제품을 사용하고 피지 분비를 억제하거나 모공수축 효과가 있는 지성용 화장수를 사용한다.

❷ 멘톨, 카모마일, 알란토인, 레몬 등의 성분이 들어 있는 진정, 수렴, 소염 효과가 높은 제품을 사용한다.

4) 복합성 피부(Combination skin)

얼굴에 2가지 이상의 타입이 공존하는 피부 유형이다. T-Zone은 지성 피부와 여드름성 피부의 형태이고, U-zone은 피지 분비가 적고 수분 함량이 적은 건성이나 민감성 피부의 형태를 나타낸다. 피부결이 곱지 못하며 화장품 성분에 민감하여 피부에 맞는 화장품의 선택이 어렵다.

(1) 화장품의 도포 목적

부위별 관리를 통해 T-zone, U-zone의 피지 분비량과 한선의 기능을 원할하게 하여 피부의 유분과 수분의 균형을 맞추어 주는 것이 좋다.

(2) 화장품의 도포

❶ 부위별로 차별적으로 관리하는 것이 필요하다. 유분이 많은 T-zone 부위는 주 1~2회 스크럽제 등을 사용하고, 건조하고 예민한 U-zone 부위는 2주에 1회 정도 딥클렌징을 한다.

❷ 로션이나 크림, 팩류도 두 가지 타입의 제품을 선정해서 부위별로 사용한다.

5) 민감성 피부(Sensitive skin)

정상 피부에 비해 환경 변화(냉, 열, 햇빛, 오염물질, 기후 조건)에 쉽게 반응하며 모공이 작고 피부조직이 섬세하다. 모세혈관이 잘 드러나 보이고 온도 변화가 심할 경우 붉어지고 가려움이 생긴다. 피부의 당김이 심하고 건조화가 되기 쉬우므로 민감하다.

(1) 화장품의 도포 목적

피부의 진정 및 보습을 유지하려 한다.

(2) 화장품의 도포

❶ 강한 필링제의 사용을 금하며, 자극이 적은 크림 타입의 필링제를 이용해 2주에 1회 정도 딥클렌징한다. 팩도 자극이 적은 젤 타입이나 크림 타입을 이용해 주 1회 정도 해준다.

❷ 향이나 알코올, 색소, 방부제 등이 적게 들어 있는 저자극 전용 화장품을 사용한다. NMF, 히알루론산, 콜라겐, 아줄렌, 위치하젤, 비타민 P 등 피부 진정, 보습이 뛰어난 제품을 선택한다.

6) 여드름성 피부(Acne skin)

각질층이 정상보다 두꺼워 모공이 크고 피부조직이 울퉁불퉁하고 거칠다. 1단계 코에 피지가 많이 생기고 이마와 볼 등에 면포가 생긴다. 2단계 구진이나 농포가 나타난다. 3단계 심하면 농화 상태가 된다. 4단계 결절과 낭종이 함께 나타나며 흉터도 보인다.

(1) 화장품의 도포 목적

피부를 청결하게 하고 피지분비량과 한선의 기능을 원활하게 한다.

(2) 화장품의 도포

❶ 자극이 적은 화장비누나 약산성 세안제를 이용하여 미지근한 물로 하루 2회 이상 세안을 하고 주 2~3회 효소 필링제와 AHA를 사용하여 각질과 피지를 제거하여 피지의 배출을 원활하게 한다.

❷ 화장품은 유분이 적고, 비타민 B, 유칼립투스, 멘톨, 글리시리진산 등 염증 진정과 피지 조절 성분이 들어 있는 것을 사용한다.

7) 색소침착 피부(Hyper pigmentation)

색소침착은 유전적인 요인과 호르몬 불균형, 일광노출 등에 의해 멜라닌 색소가 과다하게 침착이 되어 발생한다. 기미, 주근깨, 오타모반, 잡티 등의 다양한 형태로 피부 표면에 색소가 침착된다.

• 기미(Melasma)

유전적 요인, 자외선 노출, 내분비적인 문제 등으로 인해서 생기며, 눈밑 광대뼈 부위와 이마, 코 등에 잘 생기며, 햇빛을 받으면 멜라닌(melanin) 색소를 만드는 세포인 멜라노사이트(melanocyte)가 멜라닌 색소를 많이 만들기 때문에 나타난다.

이외에도 에스트로겐과 프로게스테론 같은 여성호르몬과 관련이 있기 때문에 임신했을 때와 피임약을 복용했을 때 난소 종양 등의 자궁에 질환이 있을 때도 나타난다. 또 갑상선의 기능에 이상이 있을 때 멜라노사이트의 자극으로 호르몬이 분비되어 기미를 만들기도 한다.

• 주근깨(Freckle)

선천성으로 자외선에 민감한 멜라닌 세포를 가지고 태어나 햇빛에 노출된 부위의 피부에 주로 생기는 황갈색의 작은 색소성 반점 모양으로 주로 뺨이나 팔의 윗부분 앞가슴, 등의 위쪽에 발생이 된다. 외관상으로는 기미와 구별이 어려운 경우도 많으며 자외선이 강한 여름철에는 짙어지고 겨울철에는 다소 옅어진다. 자외선에 대한 노출을 줄이는 것만으로도 주근깨의 색이 많이 옅어지므로 자외선에 대한 노출을 줄이는 것이 좋다.

• 오타모반(Ota nevus, 점)

피부심층에 회갈색이나 청색의 색소 침착이 형성된 상태를 말한다. 진피내의 멜라닌 세포 증식으로 인하여 얼굴의 삼차신경이 분포하는 눈 주위의 피부와 공막에 청색이나 갈색의 반점이 나타난 것으로 대다수 ota은 얼굴의 한쪽 면에만 생기지만 약 10%는 양쪽에 생긴다. Ota 모반(nevus of ota)은 한국, 일본 등 동양인에게 많이 발생하며 한국인은 인구 10,000명당 3명 정도의 발생 빈도를 보인다. 발생 시기는 출생 시(1세 이내)에 생기고 나머지는 10세 이후에 발생하며 20세 이후의 발생은 드문 것으로 알려져 있다.

• 잡티(Blemish)

자외선이 노출된 부위에 자극을 받은 색소는 그룹을 형성하여 진피층에 일정기간 잠복한 후 표피로 올라와서 나타난다.

TIP 2-21

▶ **모반**(Nevus, 점)

우리 얼굴에서 흔히 볼 수 있는 검거나 갈색의 반점으로 피부의 표피, 진피 혹은 피부 부속기관의 기형으로 생기게 되는 모든 점을 포함한다. 표피에서 유래된 것은 표피모반(epidermal nevus)이고 진피와 혈관에서 유래된 것은 표재지방종 모반(nevus lipomatosus superficialis), 불꽃 모반(nevus flammeus)등이 있으며, 피부 부속기관에서 유래된 것은 피지선 모반(nevus sebaceous), 면포 모반(nevus comedonicus) 등이 있다.

(1) 화장품의 도포 목적

발생한 피부조직에 색소 침착을 완화시키고 멜라닌 색소의 생성을 억제하려고 한다.

(2) 화장품의 도포

❶ 각질층에 있는 멜라닌 색소 제거를 위해 살리실산, AHA, 단백질분해효소 등이 들어 있는 딥클렌징제를 이용하여 주 1회 정도 각질을 제거한다.

❷ 멜라닌 합성을 저해하고 활성산소를 제거할 수 있는 비타민 C, 알부민, 상백피 추출물, 감초 추출물, 비타민 E, 녹차 추출물, 코엔자임 Q10 등이 들어 있는 미백 전용 화장품을 사용한다. 자외선 차단제 사용.

8) 모세혈관 확장 피부(Cuperose)

날씨 변화에 지나치게 노출되거나 알코올이나 자극성 음식의 지속적인 섭취 등으로 인하여 표피 아래의 모세혈관이 파열되거나 확장된 상태이다. 표피가 얇고 실핏줄이 드러나 보인다. 각화 과정이 정상보다 빨리 진행되어 각질층이 얇다.

TIP 2-22

피부 타입	필요한 성분	불필요한 성분
지성 피부	글로코린산,살리실산, 클로로필	트리글리세라이드, 옥시벤존
건성 피부	히알루론산, 글리세린, 아보카도오일, 소디움 POR	알코올, 머드
민감성 피부	비타민 P, K, 카모마일, 알로에, 티타늄옥사이드	아로마오일, 레몬, 옥시벤존, 유칼립투스, 계면활성제, 알코올, 레티놀
여드름성 피부	멘톨, 클로로필, 트리크로잔, 티트리	시어버터, 코코넛오일, 스테아린산
색소침착피부	상백피 추출물, 코직산, 알부틴	옥시벤존, 메톡시시니메이트민
노화피부	비타민 A, 엘라스틴, 콩추출물, 베타카로틴	계면활성제

TIP 2-23

▶ **화장 용어**

❶ **딥 클렌징(Deep cleansing)**
모낭 내의 피지, 면포, 여드름 및 불순물들을 쉽게 배출하도록 도와주는 화장품이다.

❷ **딥 클렌징 제품**

a. 물리적 제품

- 스크럽제(Scrub)
  열매의 씨나 게 껍질 등의 천연물질을 잘게 부순 것으로 손끝에 약간의 압력을 주어 연마작용으로 각질을 제거한다. 민감성 피부, 화농성 여드름 피부에는 적용하지 않는다.
- 고마쥐(Gommage)
  동식물의 단백질 분해 효소를 함유한 제품으로 얼굴에 얇게 바른 후 적당히 건조해서 근육결(피부결)을 따라 가볍게 문질러서 죽은 각질을 제거한다. 입, 코, 눈에 들어가지 않도록 하고 홍반이 있거나 민감성 피부, 화농성 여드름 피부에는 사용하지 않는다.

b. 화학적 제품

- 효소(Enzyme)
  파파야에서 추출한 파파인이나 파인애플에서 추출한 브로멜린 등의 단백질 분해 효소를 이용하여 만든 제품으로 가수분해 작용으로 각질층의 케라틴과 피지를 분해시켜 각질을 제거한다.
- AHA(Alpha hydroxy acid)
  과일에서 추출한 성분을 혼합하여 만든 제품으로 분자구조가 작은 글리콜산과 젖산을 사용하여 각질세포의 응집력을 약화시켜 자연 탈락을 유도한다. 글리콜산(Glycolic acid), 젖산(lactic acid), 사과산(malic acid), 구연산(citric acid) 등이 있다.

8. 멜라닌과 피부색

피부의 색을 결정 요소는 피부 속의 카로티노이드(carotenoid)가 노란색, 혈액의 헤모글로빈(hemoglobin)이 붉은색, 또한 정맥혈 환원형 헤모글로빈은 파란색, 멜라닌 등으로 인종, 개인차이, 연령, 지역, 계절, 신체부위에 따라 다르고 건강 상태나 심리 상태에 따라서 변화되기도 한다. 멜라닌의 양을 보면 백인 〈 황인 〈 흑인의 순서로 피부의 색이 짙어진다.

1) 햇빛과 피부색

표피의 기저층이 자외선의 자극을 받으면

- 티로신(tyrosine, 아미노산)이 티로시나아제(효소)에 의해 여러 단계로 산화(도파 도파퀴논 도파크롬)가 일어나게 된다.
- 중합 반응에 의해 멜라닌 분자가 생성되어 멜라노좀(melanosomes)으로 된다.
- 멜라노좀이 색소형성세포의 수상 돌기를 통해서 각질 형성세포로 이동하고, 약 4주 후 각질층에 도달하고 약 6주 후(각질층이 벗겨지고 자외선 자극 없을 때) 피부가 복원된다.

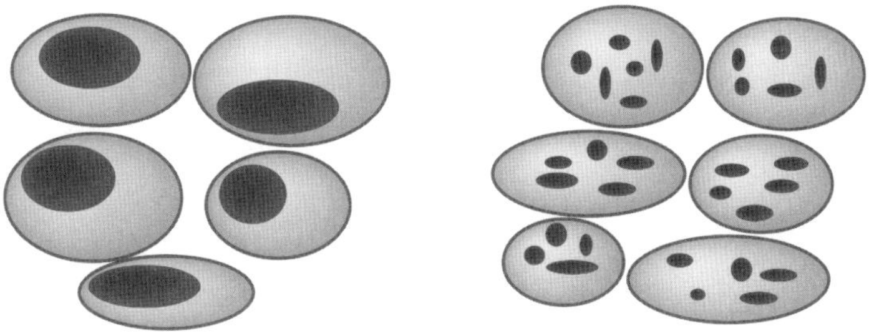

그림 2.17 흑인과 백인의 각질층에 포함되어 있는 멜라노좀의 크기와 분포 차이.

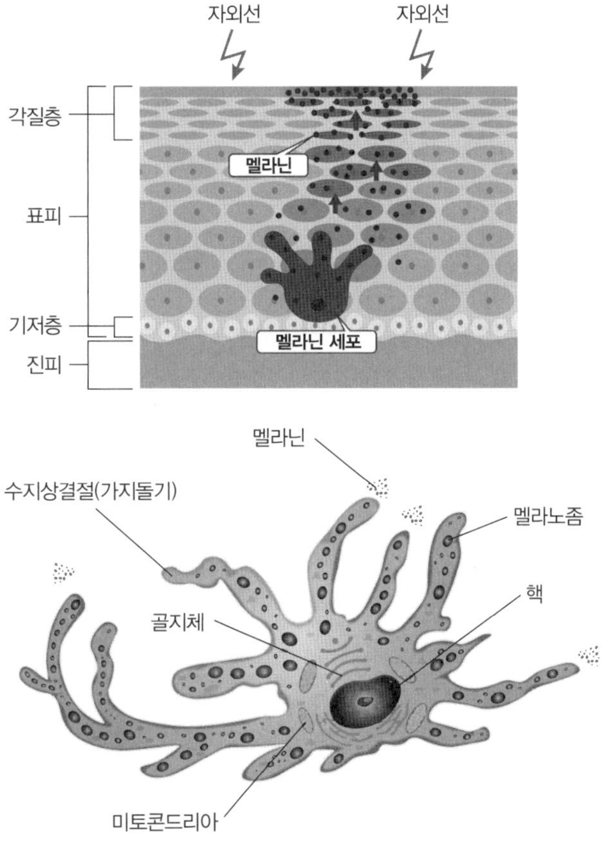

그림 2.18 멜라닌 색소의 생성경로와 전달 및 퇴화.

TIP **2-24**

▸ **멜라노사이트**(Melanocyte)

자외선이 피부에 닿게 되면 색소세포인 '멜라노사이트'가 자극을 받아 멜라닌 색소를 만들어내는데, 이 멜라닌 색소가 과다 생성될 경우 피부가 그을려지고 색소 침착으로 인해 잡티와 기미가 만들어진다.

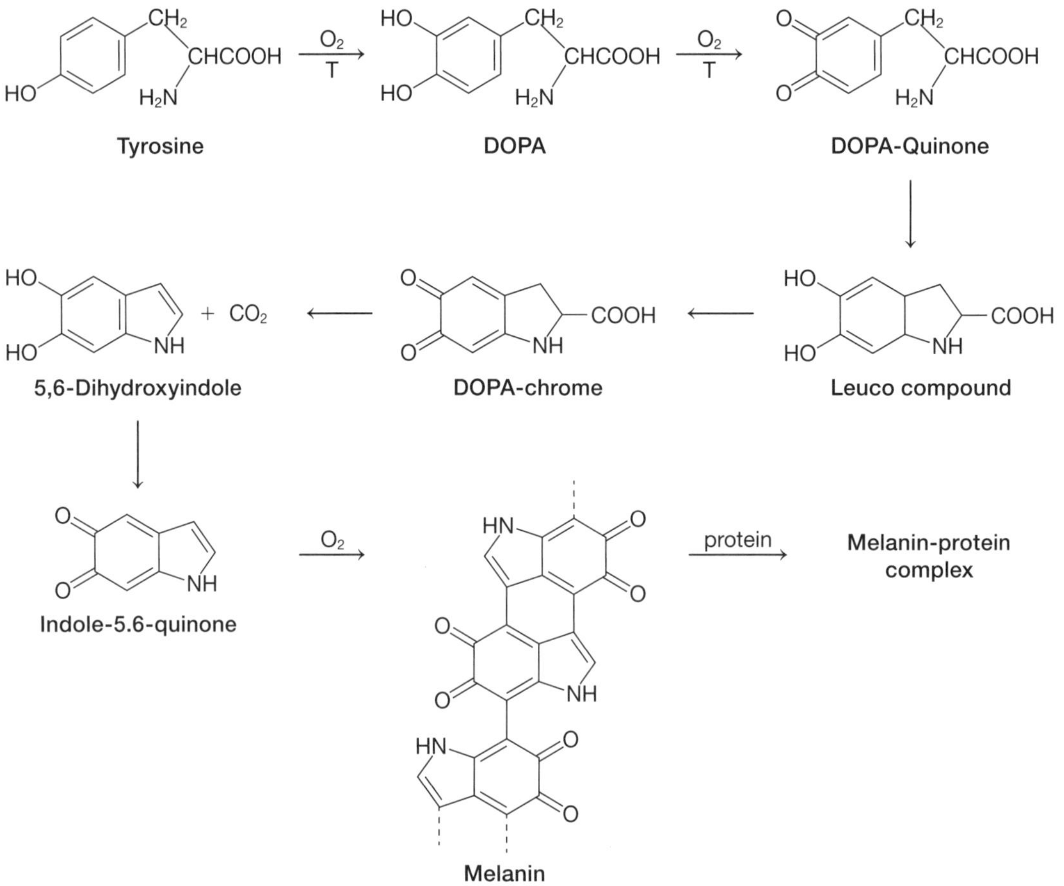

그림 2.19 멜라닌 생성 경로와 tyrosinase 효소에 의한 산화 반응.

2) 피부의 색소

(1) 멜라닌(Melanin)

생체 고분자(biopolymer) 물질로 사람의 피부색을 결정하는 중요한 요소이다. 멜라닌이 만들어지는 기본 구성 물질은 티로신(tyrosine)인 아미노산으로 효소 티로시나아제(tyrosinase)에 의해서 L-dopa(dihydrooxyphenyl alanine)로 변형된다. 또한 L-dopa는 티로시나이제에 의해서 도파퀴논(dopa quinone)으로 된다. 그리고 중합반응으로 멜라닌이 형성된다. 두 가지 종류로 하나는 유멜라닌(eumelanin)이고 다른 하나는 페오멜라닌(pheomelanin)이다.

❶ 유멜라닌

갈색 피부, 검은 머리카락으로 갈색-검은색 색소로 타원형 또는 구형의 과립이다.

❷ 페오멜라닌

붉은색 머리카락에서 존재하며, 붉은색-노란색 색소로 구형의 과립이다.

(2) 카로틴(Carotine)

카로틴은 카로티노이드 색소의 일종이고 수산화물 유도체인 크산토필로 카로티노이드 색소이다. 혈액 중의 카로티노이드는 β-리포 단백질과 결합하고 각질층에 침착하여 피부를 황색이 된다.

(3) 헤모글로빈(Hemoglobin)

적혈구에 존재하며 4개의 글로빈 단백질로 구성되어 있고, 각각 철을 함유하여 한 개의 헴(heme)이 결합되어 있다. 헴은 글로빈 분자의 히스티딘 측쇄의 이미다졸과 결합하고 있다. 산소분자와는 가역적으로 결합하고 산소를 폐에서 조직으로 운반한다.

정맥혈에서 환원형 헤모글로빈은 푸른 홍색으로 나타내고, 동맥에서는 4분자의 산소와 결합하여 산화형 헤모글로빈으로 선홍색을 띠고 있다.

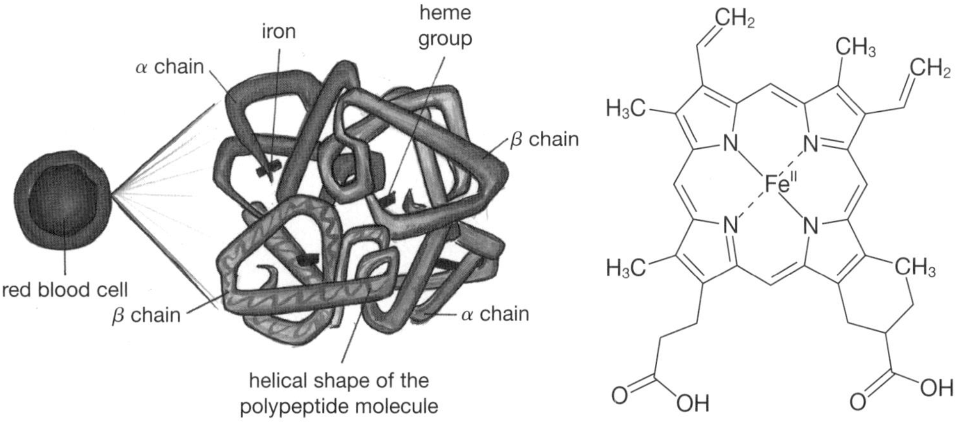

그림 2.20 카로틴(carotene)과 비타민 A의 분자 구조.

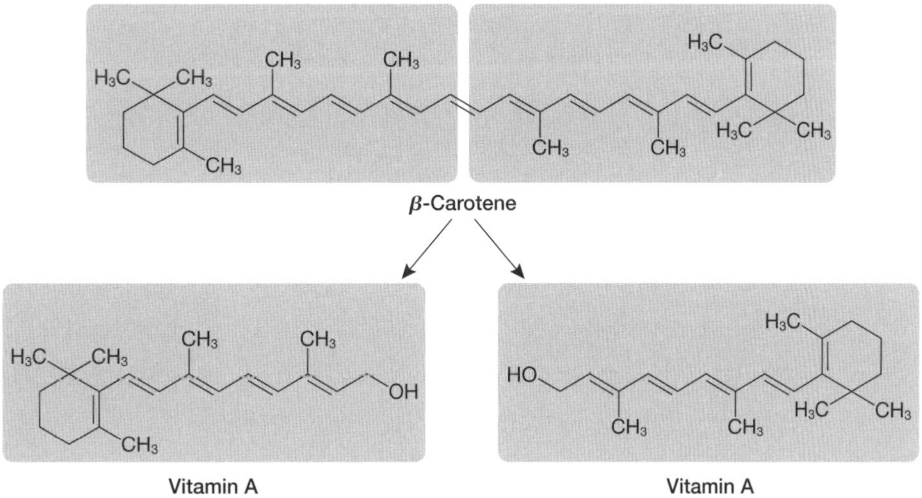

그림 2.21 헤모글로빈(hemoglobin)과 햄(heme)의 분자구조.

9. 피부의 노화

1) 생리적 피부노화(자연적)

피부는 시간의 흐름에 따라서 구조와 생리적 기능이 저하되어 노화현상이 진행된다. 생체 내에서의 효소반응, 산소와 금속에 의한 비효소반응으로 생성된 자유라디칼의 유해작용이 축적된 결과이다. 연령의 증가는 표피의 각질화, 멜라닌 색소의 증가하여 색소침착으로 검어지고, 불용성 콜라겐의 증가로 수분이 감소하여 각질층의 두께가 두꺼워지며 탄력섬유의 감소 및 변성은 잔주름의 증가와 주름의 깊이가 깊어지며, 피하조직의 위축 등이 나타난다.

2) 광노화

자외선에 의해서 유발된 유발색소 침착은 피부 중의 멜라닌이 광에너지($E = h\nu$)에 의해 일시적이거나 가역적으로 산화되어 일어나는 것이다.

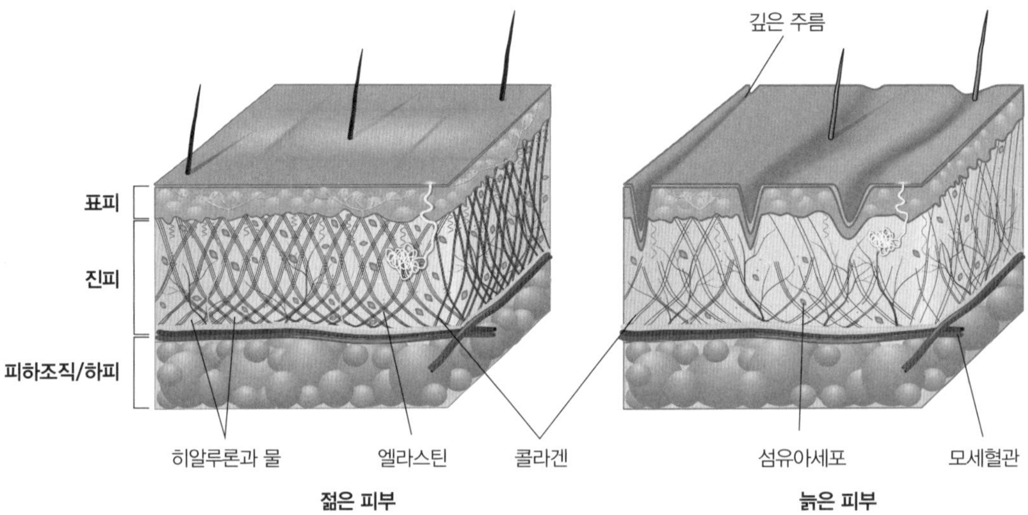

그림 2.22 건강한 피부와 에이징(노화)이 나타난 피부의 비교.

3) 피부의 노화 방지(효과)

(1) 콜레스테롤(Cholesterol)

자외선에 의한 주름살 형성을 억제하고, 피부 기능을 정상화하는 역할을 한다. 단백질 분해 효소인 MMP(Matrix Metalloprotase)가 열이나 자외선을 받으면 생성이 되므로 피부에 콜레스테롤을 바르면 MMP의 합성이 억제된다.

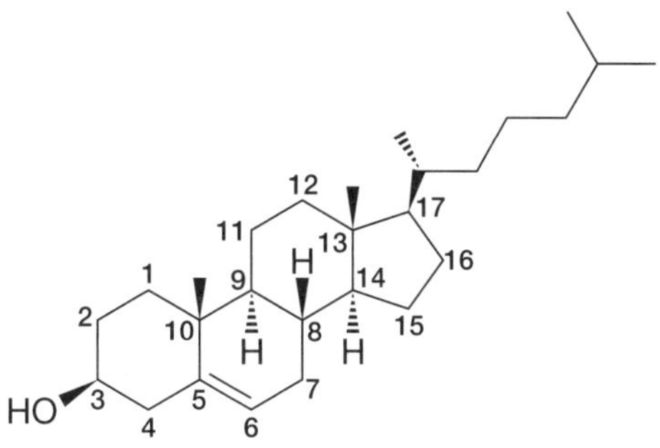

그림 2.23 콜레스테롤(Cholesterol) 분자구조식.

(2) 세라마이드(Ceramide): cera(왁스)와 amide의 합성어

왁스와 치즈 같은 흰 물질로 피부 보호막이라고 불리는 각질층의 각질 세포 사이사이를 채우는 지질의 50~60%를 차지한다. 세라마이드의 양이 감소하면 수분의 증발이 증가하여 피부건조가 심해지고 피부탄력이 감소하고 주름이 생성되거나 뾰루지 생성 등의 여러 피부질환이 생길 수 있다. 건강한 피부를 유지하는 데 도움을 준다.

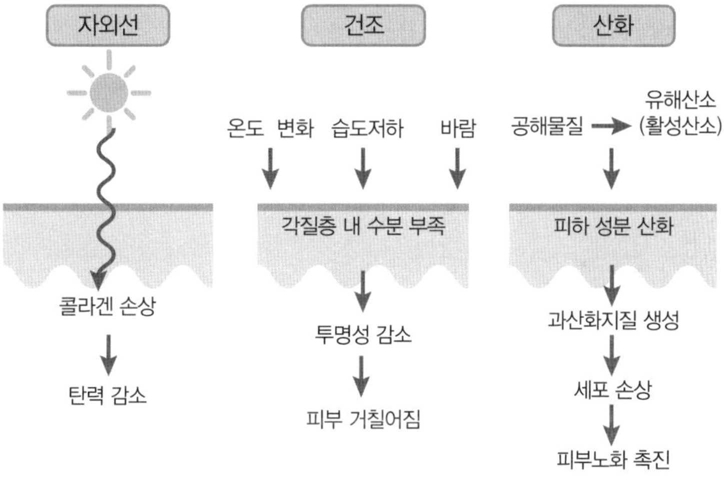

그림 2.24 생리적(자연) 피부노화 3대 요인.

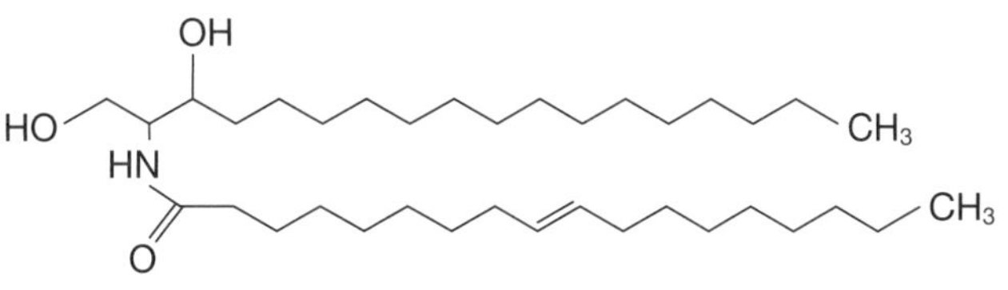

그림 2.25 세라아마이드(ceramide ester) 분자구조식.

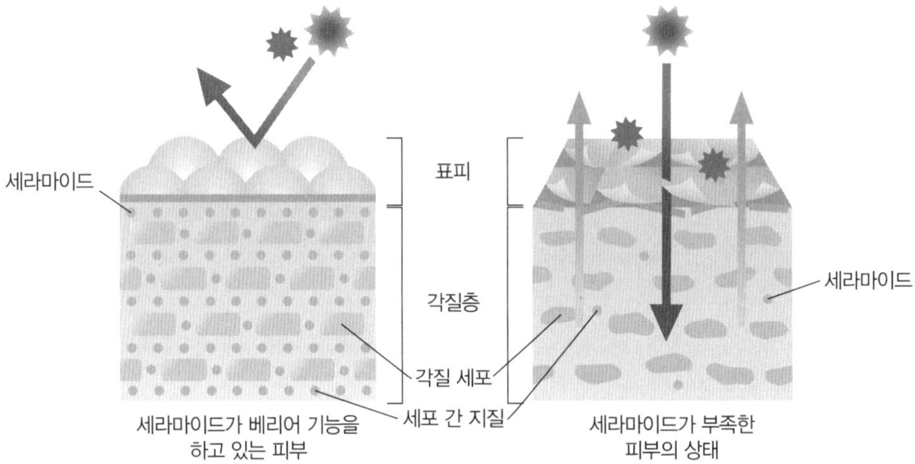

그림 2.26 세라마이드(Ceramide)의 역할과 기능.

(3) 지방산(Fatty acid)

포화 지방산과 불포화 지방산으로 구분하고 포화는 탄소-탄소 사이의 결합이 단일결합이고 불포화는 이중결합이 하나 이상 존재한다. 아래 두 가지 지방산은 인체에서 합성되지 않아서 음식으로 섭취하는 필수지방산이다.

❶ 오메가-3 지방산

탄소사슬 맨 끝에서 3번째 탄소에 첫 번째 이중결합이 존재하는 불포화 지방산으로 등이 푸른 생선(DHA, EPA)에 많이 존재하며 자외선을 받은 피부에 MMP 생성을 억제하여 피부손상을 줄이고 관상동맥질환의 위험을 줄여주는 필수지방산이다.

❷ 오메가-6 지방산

탄소사슬 맨 끝에서 6번째 탄소에 첫 번째 이중결합이 존재하는 불포화 지방산으로 리놀레산(linoleic acid), 아라키돈산(arachidonic acid) 등이 있다.

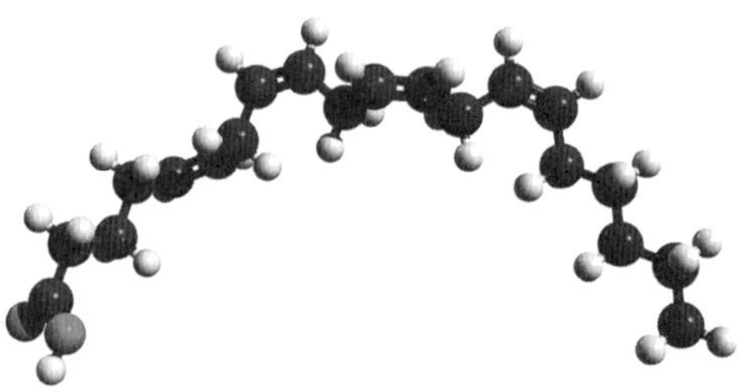

그림 2.27 불포화 지방산의 입체구조

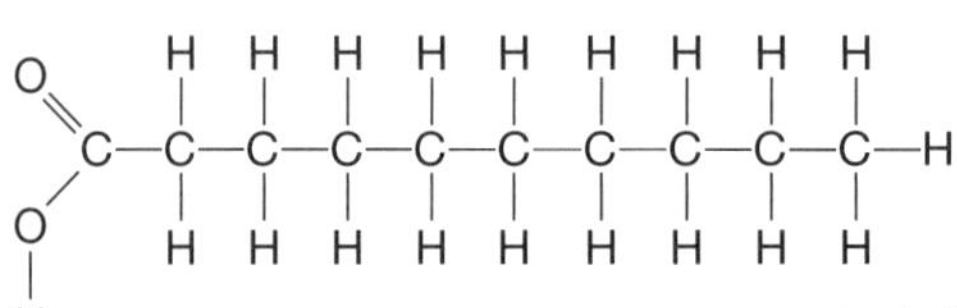

그림 2.28 포화와 불포화 지방산의 결합구조

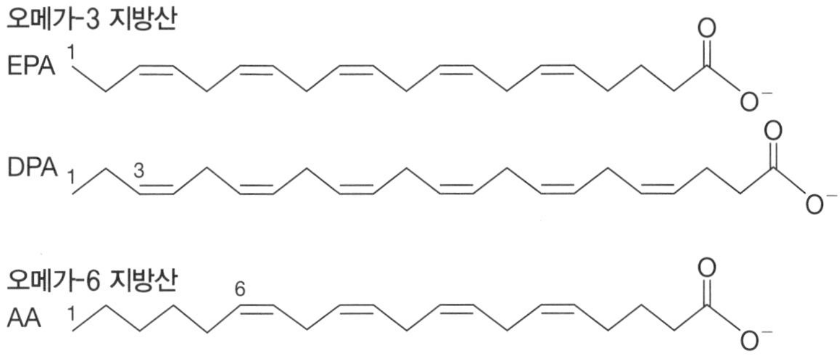

그림 2.29 불포화 지방산 오메가-3와 오메가-6 구조식.

4) 비만세포(mast cell)의 억제작용

비만세포(mast cell)는 진피에서 혈관 주위에 많이 존재하고 알레르기의 주된 요인이 되는 면역세포이다. 항체가 붙을 수 있는 IgE 형태의 표면인자가 있다. 햇빛에 의해 주름살 형성을 촉진한다.

5) 톨유사수용체 조절(Toll-like receptor, TLR)

톨유사수용체(TLR)는 인체에 병원균이 침입하면 균을 인지하는 수용체로서 항생 물질을 비롯한 여러 보호 물질을 생산, 분비하는 기능을 한다.

TIP 2-25

▶ **카로틴**(Carotene)

황산화 작용을 하며 유해 산소 발생을 예방하여 피부의 건강을 유지하고 지용성, 식물의 엽록체, 당근, 녹황색 채소, 과일, 조류(광합성 색소) 등에 많이 함유되어 있다.

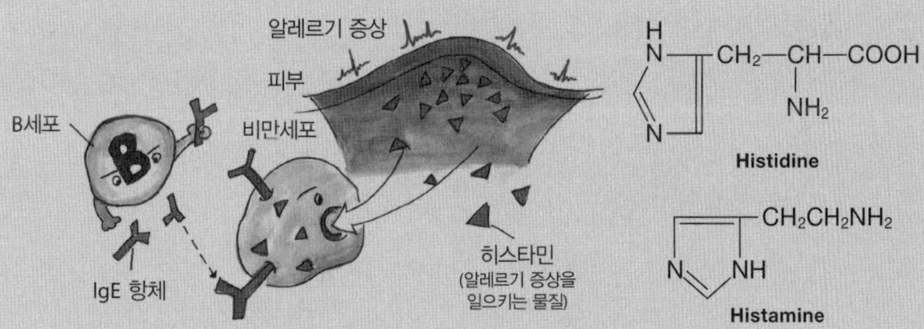

그림 2.30 비만세포(mast cell)의 알레르기 작용.

6) 건강기능식품

식품의약품 안전청이 고시한 피부미용 건강식품의 원료는 스쿠알렌, 엽록소, 알로에, β-카로틴, 홍삼 추출물과 화분이다. 스쿠알렌은 주름살을 감소시키고 콜라겐 양을 증가시켜 자외선에 의한 손상을 예방한다. 엽록소는 소염작용과 항암작용이 있으며, 피부탄력 증가, 주름살 감소, 콜라겐 합성 등의 효능이 있다. β-카로틴은 가시광선 차단효과, 항산화작용과 주름살 개선 효과가 있다.

TIP 2-26

▶ **히스타민**(histamine)

히스타민은 아미노산인 히스티딘(histidine)이 탈탄산된 것으로 동물의 체내에서는 폐, 간, 위의 점막에서 발견되고 비만세포, 호염기구 세포 등에 저장되어 있다. 히스타민은 알레르기 반응이나 염증에 관여하는 화학물질로 면역계 세포에서 항원항체반응으로 유리된 히스타민은 기관지 수축, 즉 알레르기(IgE 항체)성 천식, 모세혈관 확장, 투과성 증대(콧물이나 부종) 등을 일으킨다.

10. 피부노화의 조직 변화 및 생화학적 이상

1) 표피의 두께 감소

피부가 노화되면 각질형성 세포의 분열 감소로 표피의 두께가 점점 얇아진다.

2) 멜라닌 세포의 변화

자외선을 많이 접할수록 멜라닌 세포수가 증가하여 멜라닌 색소도 증가한다.

3) 랑게르한스 세포수의 감소

자연적 피부노화 현상과 광노화 현상에 따라 그 수와 기능이 모두 감소한다. 접촉성 피부염의 발생은 감소하지만 피부암 발생은 증가한다.

4) 콜라겐 섬유 감소

노화된 피부는 콜라겐 섬유의 굵기가 가늘어지고 배열도 엉성해지며 콜라겐 섬유 사이에 빈 공간이 많아진다.

5) 탄력섬유의 변성

진피를 구성하는 탄력성유(피브린+엘라스틴)는 복잡하고 정교한 네트워크를 구성하고 노화가 되면 복잡한 구성이 파괴된다. 자연노화 현상에 따라 피브린과 엘라스틴 단백질이 변화된다.

6) 글리코사미노글리칸의 변화

진피를 구성하는 원소 중에서 주 성분인 콜라겐섬유, 탄력섬유 사이사이를 채우고 있는 당이다. 노화가 되면 히알루론산의 감소로 헤파린 황산염의 감소가 일어난다.

TIP 2-27

▶ **피부 노화의 조직 변화**

❶ **표피노화 작용**

- 기저세포 분열능력 저하
- 각질층의 비후
- 멜라닌 색소 증가

❷ **진피노화작용**

- 섬유아세포 활성저하
- 콜라겐의 위축
- 엘라스틴 감소 변성
- 히알루론산의 감소

TIP 2-28

▶ **엘라스틴**(Elastin)

불용성 고무상의 단백질(proline, glycine)이다.

TIP 2-29

▶ **글리코사미노글리칸**(Glycosaminoglycan)

피부에는 6가지의 글리코사미노글리칸이 존재하는데, 각각 히알루론산, 콘드로이틴 황산염, 더마탄황산염, 헤파란황산염, 헤파린, 케라탄황산염의 글리코사미노글리칸들이 피부에 중요한 역할을 한다. 글리코사미노글리칸은 길고 가지가 없는 다당류로서 자신의 분자량보다 1,000배 이상의 많은 물 분자와 결합하는 능력을 가지므로, 피부는 글리코사미노글리칸들이 물 분자를 잡고 있기 때문에 강력한 수분 보유 능력을 가진다. 히알루론산은 글리코사미노글리칸 중 하나이다. 게, 새우 등의 갑각류의 껍질에 들어 있으며, 우리 몸의 관절 연골과 관절액에서 자연적으로 생성되는데, 연골 생성 역할을 하여 퇴행성관절염이나 노후로 인한 관절 손상에 도움을 준다.

7) 피부혈관의 변화

자연노화, 광노화로 혈관의 크기와 수가 감소함에 따라 혈액의 공급량이 작아져서 진피 내에서 혈관이 차지하는 총 단면적은 젊은 피부에 비해 약 30% 감소한다.

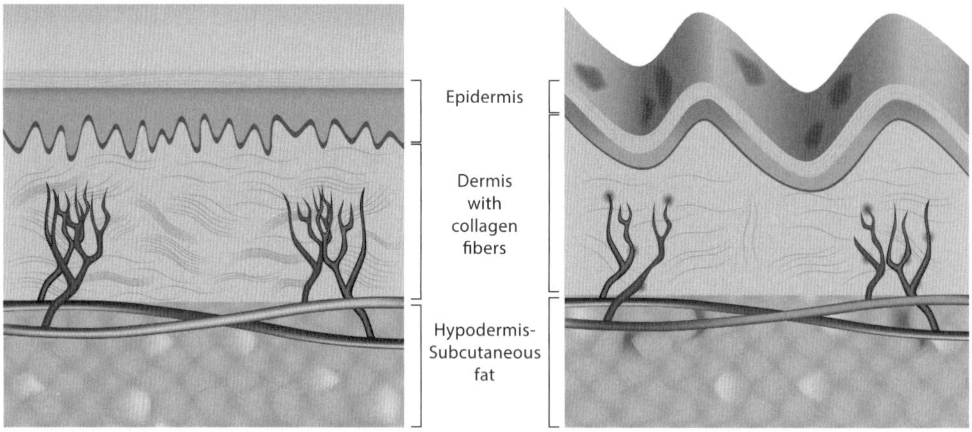

그림 2.31 노화현상의 혈관의 변화 비교.

8) 지방합성의 감소와 지방층의 소실

지방의 양이 감소하여 피하지방층의 두께가 얇아진다. 지질 합성에 관여하는 효소들의 양이 감소하기 때문이다.

▶ **생리적(자연) 노화 현상 비교**

분류	노화 전	노화 후
모발	타고난 모발의 색을 그대로 유지한다.	탈모는 노화의 대표적인 증상으로 현대에는 여러 가지 치료법이 개발되었고, 특히 모발이식수술 등의 치료를 하면 극복이 가능하다.
눈	눈 주위가 부드럽게 보인다. 안검하수가 나타나지 않는다.	눈꺼풀을 올리는 근육의 힘이 약해지면 눈꺼풀이 아래로 처지는 안검하수가 생긴다. 치료 방법은 상하안검수술의 방법이 효과가 있다.
얼굴주름	이마, 눈주위, 코와 입 주위에 콜라겐이 풍부하여 피부탄력이 유지된다.	피부탄력을 유지하는 콜라겐의 감소로 피부가 처지고 골이 깊어지는 주름이 만들어진다. 대표적으로 이마, 입술 주변에 나타나는 팔자주름이다.
피부색소침착	본래의 피부색, 피부의 부드러움이 깨끗한 상태이다. 멜라닌 색소가 정상적으로 작용하고 있다.	노화로 피부는 얇아지고 자외선의 영향으로 기미, 잡티, 검버섯 등의 피부색소질환도 영향을 준다.

연습 문제

1. 피지선에서 분비된 피지는 땀과 함께 피부 겉 표면에 퍼져서 ___________을 형성하고 pH ____ 정도로 거의 모든 박테리아를 죽여 신체방어 기능의 일부를 담당하게 된다.

2. 피부의 구조를 큰 영역으로 네 가지 영역으로 구분하여 나타내시오.

3. 피부에서 혈관, 신경, 모낭, 땀샘 등의 구조물이 있는 부위로 피부의 형태를 유지하고 피부의 강도를 튼튼하게 유지시키는 부위는?

4. 피부의 거의 전면에 존재하고 분비물의 주성분인 식염수 외에 요소, 요산, 황화물, 암모니아요산, 크레아티닌, 아미노산 등이고 약산성으로 세균번식을 억제하며 땀을 분비하고 자율신경의 지배를 받는 피부의 구성 요소는 무엇인가?

5. 비교적 형태가 크며 피지선의 성질을 가지고 체액과 체온의 조절, 노폐물의 배출 및 모낭에 연결되어 피지선에 땀을 분비하는 피부의 구성요소는 무엇인가?

6. 피지의 화학적 조성은 주성분 3가지 많이 함유하고 있다. 그 성분은 무엇인가?

7. 피지막의 역할은 무엇인가?(2점)

절취선

8. 세포와 세포 사이를 연결하여 단단하게 해주는 결합체로 외부에서 들어오는 박테리아, 자외선 등의 이물질의 방어 역할을 하는 물질은 무엇인가?

9. 표피에서 각질층을 구성하는 요소를 쓰시오.

10. 신경세포가 밀집하고 피부신경의 내분비를 담당하는 상피성 촉각세포를 쓰시오.

11. 어떤 종류의 아미노산이나 핵산, 혹은 젖산 등의 염류의 혼합물로 피부와 모발에 수분을 일정하게 유지하게 하는 물질은 무엇인가?

12. 각질층에 존재하는 지질은 불수용성의 오일로 극성지질인 것을 서술하시오.

13. 각질층에 존재하는 지질은 불수용성의 오일로 비극성지질인 것을 서술하시오.

14. 미용실에서 하는 퍼머는 머리카락의 케라틴 단백질에 변화를 주어 인위적인 이황화결합을 생성해 나가는 것이다. 변화 요인 2가지를 쓰시오.

15. 투명층은 손바닥, 발바닥에서 뚜렷하게 볼 수 있고 다른 세포층에서는 볼 수 없는 것이 존재하며 케라틴으로 변해가는 중간물질은 무엇인가?

16. 방추형의 세포로 구성하며 각화효소를 함유하여 각질화를 시작하고 피부의 수분 증발을 막아주는 방어막 역할을 하는 표피층은 무엇인가?

17. 면역체계에 관여하고 황산화작용과 항암작용을 하며 위산분비를 억제하는 기능을 가진 현대의 불로초라 불리는 성인병 예방에 효과를 가지는 약재로 사용되는 버섯은 무엇인가?

18. 표피 중 가장 두꺼운 층으로 가시 같은 돌기가 나와 있는 세포끼리 다리 모양 연결을 하며, 피부를 탄력 있게 만들고 상처 입은 피부를 재생하는 피부층은 무엇인가?

19. 유극층에 존재하며 피부의 면역 기능을 담당하고 세포 사이로 이동하는 림프액이 혈액순환이나 세포의 물질교환을 돕는 세포는 무엇인가?

절취선

20. 피부색을 결정하는 3요소를 쓰시오.

21. 각질세포의 분열 과정의 주기는?

22. 각질의 형성에서 각화세포의 분화과정과 각층에서의 변화된 성분을 나열하시오.

기저층:생성세포 → ____________ : ____________ → ____________ : ____________
→ ____________ : ____________ → ____________ : ____________

23. 교소체의 분해가 각질세포 박리에 중요하고 효소들의 활동 또한 중요한 역할을 한다. 박리효소 2가지를 쓰시오.

24. 피부노화 방지를 위해서 필요한 성분들 중 MMP 억제기능 성분, 각질층 사이의 지질 성분을 구성하는 물질을 쓰시오.

25. 피부노화 방지를 위해서 필요한 지방산의 불포화 지방산 중에서 인체에서 합성되지 않는 필수 지방산 2가지는 무엇인가?

26. 진피에서 혈관 주위에 많이 존재하며 알레르기의 주된 요인이 되는 면역세포는 무엇인가?

27. 진피 구조에서 불규칙한 결합조직인 망상층의 그물 구조를 구성하는 두 종류의 섬유를 쓰시오.

28. 피부의 노화 현상을 크게 2가지로 구분하시오.

제3장

화장품의 원료

인간의 피부에 필요한 다양한 성분에 대한 원료 조사 및 성분 분석으로 원료에 대한 이해를 돕고자 한다. 기본 원료가 화장품 성분으로 요구되는 중요한 요소들이 있다. 첫째는 피부에 대한 자극이 없고, 독성이 없어야 한다. 둘째는 피부의 생화학적 반응에 영향을 주지 않아야 한다. 세 번째는 미생물의 반응에 영향을 주지 않는다. 마지막으로 안정성이 높고 색상과 향의 변화가 없어야 한다. 이러한 조건을 만족하는 원료를 사용한 화장품이 좋다.

1. 수상원료-수성

수상(aqueous phase)은 물과 친화력이 있는 성분을 통칭하는 용어이다.

1) 물

화장품에 있어서 가장 기본이 되는 중요한 성분으로 피부 보습의 기초 물질로서 필수적인 원료이다. 물은 오염되거나 금속이온이 함유되면 피부에 손상을 주고 모발에 부착하므로 화장품에 사용하는 물은 세균이나 금속이온을 증류법이나 여과법(다공성 물질 통과) 또는 이온교환 수지법(Ca^{2+}, $Mg^{2+} \rightarrow H^+$; $SO_4^{2-} \rightarrow OH^-$) 및 UV 램프로 살균하고 불순물을 반드시 제거해서 물을 사용한다. 또 금속이온이 들어 있는 물로 제품을 만들면 수상과 유상이 분리되거나 점도 변화 요인이 될 수 있다.

그림 3.1 물(정제수).

(1) 물의 관리

❶ 원료로 사용하는 물(정제수)

❷ 세척수(상수 또는 정제수)

(2) 물속에 존재하는 오염물질의 종류

❶ 금속 이온과 기타 염류: Ca^{2+}, Mg^{2+}, Zn^{2+}, Fe^{2+}

❷ 미생물 박테리아(bacteria), 바이러스(virus), 이스트(yeast), 몰드(molds), 피로겐(pyrogen)

❸ 기타 피버(fiber), 먼지(dust)

(3) 정제 방법

❶ 증류(Distillation)

물질의 끓는점 차이를 이용하여 순수한 물을 분리하는 방법이다.

❷ 활성탄 흡착(Activated carbon adsorption)

다공성 물질인 활성탄 여과재를 사용하여 물 중의 유기물질 부유입자, 냄새, 맛, 색깔 및 잔류 염소를 제거한다. 흡착의 정도는 유기물 분자의 크기와 분자량에 따라 결정되고 여과 후 미생물의 번식의 위험성을 고려해야 한다.

❸ 이온교환법(Ion-exchange method)

물을 양이온 및 음이온 교환수지를 통과시켜 물속의 양이온과 음이온을 각각 H^+ 이온과 OH^- 이온으로 교환하여 두 이온의 결합이 순수한 물이 생성된다. 그 방법은 혼상식과 복상식이 있다. 이 방법이 가장 순수한 물을 얻는 방식이다.

❹ 역삼투압(Reverse Osmosis)

삼투압 방식을 이용하여 고농도 용액에 삼투압보다 큰 압력을 가하여 고농도 용액의 물이 반투막을 통과하여 낮은 농도 용액 쪽으로 강제 이동시켜서 순수한 물을 얻는 방법이다.

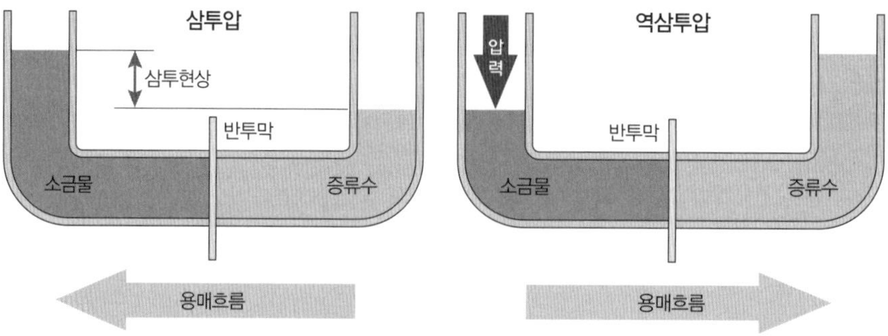

그림 3.2 역삼투압법.

❺ 자외선 살균램프 장치(UV Sterilizer)

적정 파장의 자외선을 복사시켜 수중의 미생물을 사멸시키는 살균법이다. 정제수를 사용하기 전에 미생물의 최종 제거 목적으로 이용한다.

(4) 물을 차별화하는 이유

스킨, 에센스, 미스트 등 일반적으로 제품을 차지하는 50~60% 이상이 정제수로 화장품에서 가장 많은 비중을 차지하기 때문이다. 정제수는 불순물을 제거한 순수한 물로 피부에는 전혀 해롭지 않지만 피부에 좋은 특별한 영양분은 없기 때문에 보습, 안티에이징 등 피부에 효능을 높이는 유효 성분을 담은 물이 좋다고 홍보하는 시대이다.

2) 에탄올

(1) 에탄올의 특성

에탄올(ethanol)은 무색투명한 휘발성 액체로 특이한 냄새 및 톡 쏘는 듯한 맛을 가진 주정으로 사람과 매우 친숙한 물질이다. 에탄올은 탄화수소(hydrocarbon)의 수소 원자를 수산기(OH^-)로 치환하는 화합물이며 탄소의 수에 따라서 저급 알코올(탄소의 개수가 적음)과 고급 알코올(탄소의 개수가 많음)로 구분하고 저급 알코올은 물과 잘 혼합되므로 화장품의 재료로 에탄올이 물 다음으로 많이 사용되는 원료이다.

제조는 곡물의 발효에 의해서 얻거나 석유의 열분해반응으로 얻지만 화장품에는 에틸렌(ethylene)의 수화반응으로 제조된 것을 사용한다. 에탄올(ethanol)은 중요한 원료로 수렴, 청결, 살균작용, 가용화제, 건조 촉진의 용도로 사용하고, 향료, 색소, 유기 성분을 용해시키는 용매로도 사용한다.

또한 화장수의 수렴작용을 이용하여 청량감을 느끼게 한다. 반드시 여러 가지 순도 시험(염화물, 중금속, 유사불순물, 환원성 물질, 아세톤, 증발잔류물 등)을 거친 후에 사용해야 한다. 이 시약은 15C°에서 에탄올이 95.0~95.5 v/v%를 함유한다.

(2) 에탄올의 용도

❶ 청결효과

스포츠, 여행, 드라이브 등을 할 때 피부 청결 위해 사용하는 클렌징 제품에 첨가한다.

❷ 가용화제

네일 제품에 가용화제로 이용되어 네일 에나멜의 성분인 셀룰로스의 용해제나 사용감 개선제로 이용된다.

❸ 살균제

땀 냄새를 없애주는 탈취용 화장품(deodorant)에 사용하고 또 다른 살균제의 용해제로 이용된다.

❹ 수렴작용(청량감)

가장 많이 사용하는 화장품은 아스트리젠트이고, 면도 후에 사용하는 애프터셰이브 로션에 배합되어 청량감을 준다.

❺ 건조촉진제

헤어토닉에 에탄올은 건조 촉진제로 다양한 헤어 제품에 사용한다.

❻ 무수에탄올(Anhydrous ethanol)

이 시약은 15°C에서 에탄올이 99.5 v/v% 이상을 함유한다.

3) 보습재료

(1) 보습제(moisturizer)의 조건

❶ 흡수 능력이 적절해야 한다.

❷ 흡습력이 지속되고, 가능하면 저휘발성이 좋다.

❸ 다른 성분과 잘 섞여 존재해야 한다.

❹ 응고점이 낮아야 한다.

❺ 점성이 적당하고 피부와 친화성이 우수하여 청량감이 좋아야 한다.

❻ 무색 무취이고 안전성이 높아야 한다.

❼ 흡습력이 피부의 보습과 외부 조건(온도, 습도, 바람)에 영향이 적어야 한다.

(2) 보습제의 종류

❶ 에틸렌글리콜(Ethylene glycol)

분자식 $HOCH_2—CH_2OH$, 화장품에서는 독성이 있는 냄새 때문에 다량 사용하지 않는다.

❷ 디에틸렌글리콜(Diethylene glycol)

방향족 탄화수소의 추출 용매로 많이 이용하고 **두발용 제품**에 사용한다.

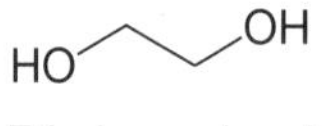

Ethylene glycol

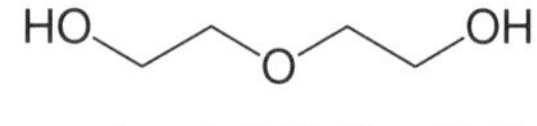

Diethylene glycol. 2,2′-Oxydi(ethan-1-ol)

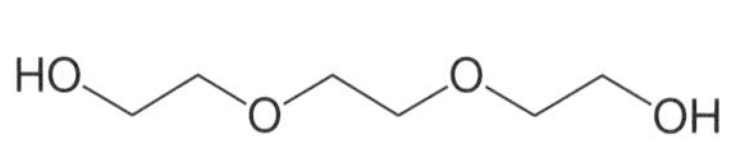

Triethylene Glycol. 2,2′-[Ethane-1,2-diylbis(oxy)]di(ethan-1-ol)

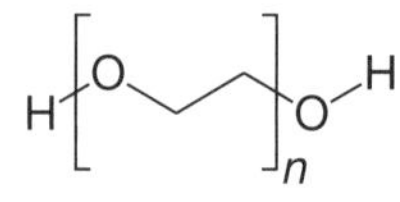

Polyethylene Glycol

그림 3.3 물질의 분자 구조.

❸ 트리에틸렌글리콜(Triethylene glycol)

유연제 보습제로 용도는 **샴푸, 린스**에 사용한다.

❹ 폴리에틸렌글리콜(Polyethylene glycol)

산화에틸렌의 중합체로 무색 투명한 액체이거나 백색의 고체로 분자량이 200~600 사이로 액체이고, 1,000 이상이면 고체이며 용도는 수용성으로 물에 불용인 물질을 용해시킬 수 있어서 **크림, 유액, 샴푸, 린스, 두발용 제품**에 사용한다.

❺ 1,3부틸렌 글리콜(1,3-butylene Glycol: Butane-1,3-diol)

무색의 투명한 점성이 있는 액체로 단맛을 가진 물질이다. 또한 피부에 자극성이 없으며 흡습성이 우수하고 용해성과 항균성이 있다. 용도는 각종 크림의 유액, 에어졸 제품의 용제, 향료의 보유제로 사용한다.

❻ 글리세린Glycerin)

글리세린의 함량이 84~87% 함유한 것으로 용도는 제품의 굳기, 점도 유지에 사용하여 보습제이면서 피부 유연제로 사용한다.

❼ 만니톨(Mannitol)

다수의 식물에 존재하며 백색 결정 분말로 용도는 비타민이나 아미노산의 안정제로 이용되고 계면활성제의 원료이다.

❽ 설탕(Sucrose; Saccharose)

무색 또는 백색의 결정성 분말이고 단맛을 가진 육탄당(hexose)이다.

❾ 히알루론산 나트륨(Sodium hyaluronate)

무코다당류로 자신의 무게의 200~1000배 정도의 수분을 흡수할 수 있다.

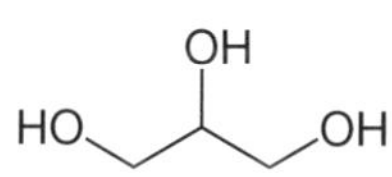

Glycerin

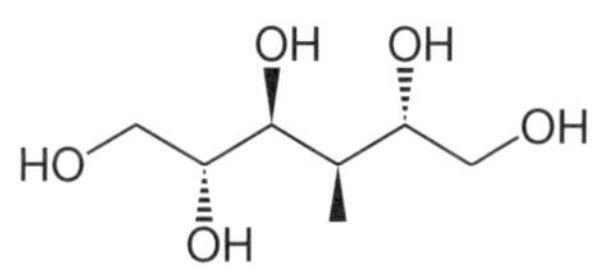

Mannitol

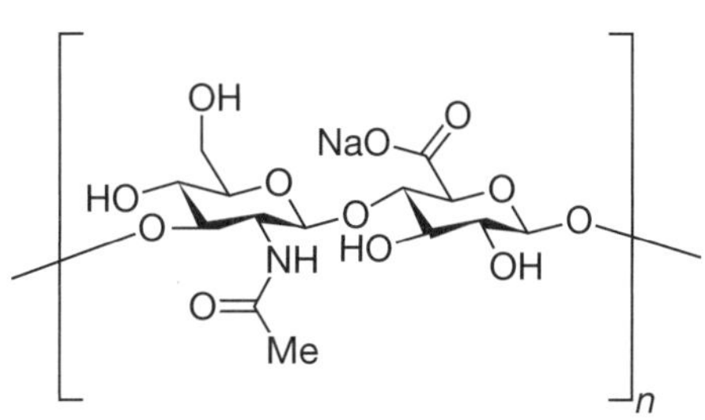

Sodium Hyaluronate

그림 3.4 물질의 분자 구조.

4) 자연유래 추출물

(1) 인삼(Ginseng) 추출물

인삼은 여러해살이 풀로 두릅나무과에 속하며 뿌리의 모양이 사람과 비슷하여 인삼이라는 이름이 붙여졌다. 인삼에는 사포닌(saponin)을 구성하는 파낙사디올(panaxadiol), 파낙사트리올(panaxatriol) 계열의 진세노사이드(ginsenoside), 파낙센(panacene) 등의 성분의 다양한 영양소를 포함하고 있어서 피부를 활력 있고 윤기 있게 가꾸는 데 효과적이다. 인삼에서 하이드로졸 방식으로 추출한 혼합물로 피부에 수분을 보충하여 주어서 생기 넘치는 피부, 활력이 있는 피부로 가꾸는 데 도움이 된다. 인삼의 사포닌 성분이 피부를 매끄러운 작용을 하고 강력한 산화방지 작용을 하여 활성산소로 인한 피부 손상을 방지하며, 활성산소에 의한 피부노화를 예방하는 효과도 있다. 사포닌이 표피의 각질층에 작용하여 거친 피부를 부드럽고 윤기가 있도록 가꾸는 데 효과가 있으며 인삼 속의 사포닌은 세균이나 자외선 등의 외부 자극으로부터 피부를 보호해주는 기능이 있고 사포닌 속의 파나긴산이라는 성분은 피부에 보습작용을 하여 촉촉한 피부가 되도록 하는 효과가 있다. 피부의 안티에이징, 탄력강화, 항균, 항염 등의 제품에 사용하면 효과적이다. 피부보호 작용, 보습 작용, 영양공급, 피부노화 방지, 기타 여러 가지 용법에 이용하면 효과적이다.

또한 예전부터 신비의 명약이라고 전해지는 것으로 여러 효능이 있는 인삼은 사포닌을 포함한 인체에 유용한 영양소를 함유하고 있으며, 피부미용에 대한 효능 또한 뛰어나 화장품 소재로 각광받고 있는 원료이다. 한의학에서 기력을 증진시켜주는 대표적인 식품으로 알려져 있으며 귀신같은 효험이 있다고 하여 신초(神草)라고도 한다.

하이드로졸(hydrosol)은 단순히 물에 에센셜오일을 혼합한 것과는 다르며 증류과정을 통한 순수한 물로 인공적으로 합성 제조한 것이 아니므로, 에센셜오일 성분과 피부에 필요한 영양성분이 풍부하게 포함되어 있고 신선하고 진한 향을 느낄 수 있다. 하이드로졸은 피부에 보습 효과를 주며 아로마테라피의 향 흡입법을 포함하여 에센셜오일의 대체 가능한 원료로 사용된다.

(2) 창포(Acorus calamus) 추출물

창포 근경의 침액과 엑스트랙트는 신경을 안정시키는 작용을 하며, 또한 위장과 내장이 불편할 때에 소화를 촉진시키고 식욕을 돋우는 약재이다. 드물게는 간과 쓸개가 나쁠 때에도 사용된다. 소화불량, 설사, 습체, 정신불안, 기관지염 등의 약재로 이용된다. 또한, 창포는 월계수 잎이나 생강 혹은 계피 대신에 향료로도 쓰인다. 여러 가지 종류의 수프나 양배추 혹은 고기를 튀길 때에 창포 뿌리를 조금 넣는다.

항균, 살충 효과와 해열, 진정 효과가 있으며 비누로 머리를 감을 경우 머리카락이 뻣뻣하게 되어 빗질이 잘 안 되는 경우에는 창포나 천궁과 같은 자연산 세제를 이용하면 세척효과와 머리에 윤기를 주는 영양효과, 은은한 향을 발산하는 향료효과, 발모 및 피부 미용효과를 얻을 수 있다. 또한 두피에 부작용이 없고 모발을 건강하게 해주는 효과도 있다.

창포는 모공이나 모낭에 좋은 효과가 있는 것으로 알려져 있기에 오래 머리를 감을 경우에 두피에 도포되어 마사지 효과를 얻을 수 있고, 모근을 튼튼하게 해준다.

(3) 녹차(Nokcha/Green tea) 추출물

녹색 음식을 먹으면 몸과 마음이 편안해진다. 녹색 음식은 시각적인 긴장은 물론이고 신경과 근육의 긴장까지도 완화시켜 준다.

녹차 속의 카테킨 성분은 떫은맛을 내고 피부미용에 매우 좋은 효과를 주며, 특히 지친 피부에 수렴 및 진정, 노화방지에 효과가 좋다. 비타민 C는 레몬의 5~8배가 함유되어 있어서 기미나 주근깨를 맑게 가꾸어 주며 비타민 E는 강력한 항산화 작용으로 노화를 억제해 준다. 또 다양한 폴리페놀의 함유로 피부 산화방지, 피부 트러블 방지 및 피부의 잔주름 예방에도 효과적이다. 녹차의 효능은 자외선과 유해 요소로 인한 피부노화를 예방하며 억제하는 효과가 있고, 피부 점막과 피부세포의 활력과 면역력을 증강시키며, 또 피부트러블과 각종 미생물에 대한 탁월한 항균 효과가 있다.

(4) 당귀(Angelica gigas) 추출물

노화를 방지하고 세포를 재생시키며, 혈색을 맑게 하는 데 효과가 있으며, 방향유, 비타민, 유기산 및 미량 원소 등 다양한 유기성분을 함유하고 있어서 피부를 희고(미백) 맑게 해주는 약재로 잘 알려져 있다. 혈액순환을 증진시키고 멜라닌 형성을 억제하며, 피부에 자극이 거의 없어 민감성 피부에 사용해도 효과적이다. 예로부터 여성의 월경 조절과 혈액순환, 면역력 향상, 변비 치료 등에 유용하게 사용되어온 약재이며, 피부가 건조하고 각질이 발생하는 피부에 윤기를 더해주는 효능도 있다. 당귀는 여성호르몬 분비를 원활하게 하므로 여성건강에 특히 좋다.

(5) 황백(Phellodendri amurensis) 추출물

황백 추출물은 베르베린(berberine)의 강력한 항균작용과 항진균, 항생작용으로 장내 유해균 증식을 막아주고 피지 분비를 조절하며 항산화 작용 및 자외선 차단을 통한 피부 노화 예방에 효과적이다. 항균작용으로 붉고 열이 많은 피부를 진정시켜주며 트러블피부에도 효과가 있다. 베르베린이 혈당을 낮춰 제2형 당뇨치료 및 예방에 도움을 준다. 이 밖에도 장의 연동운동 촉진으로 대장의 독소 배출, 담즙분비 촉진, 글루타메이트 분비 억제를 통한 불안과 우울증 해소 등의 효능이 있다.

TIP 3-1

▶ **글루타메이트(Glutamate)**

단백질에서 추출한 글루탐산의 나트륨 염으로 음식의 맛을 향상시키는 조미료 성분이다. 동물의 체내에서는 신경 전달 물질의 기능을 한다. 즉 글루탐산 수용체를 통해 신경 말단의 흥분을 전달한다. 동물과 식물의 단백질에서 고루 발견되며 조미료용 염인 모노소듐 글루탐산의 주성분일 뿐만 아니라 엽산의 합성에도 반드시 필요하다. 또한 착향제, 피부컨디셔닝제, 헤어컨디셔닝제 등의 화장품 성분으로 이용된다.

(6) 하수오(Polygonaceae) 추출물

하수오 추출물은 하수오 뿌리에서 추출한 것으로 하수오에는 백하수오와 적하수오 두 종류가 존재하고 백하수오와 적하수오의 효과 차이는 거의 비슷한 것으로 연구되고 있다. 백하수오의 뿌리는 하얀색에 가깝고 적하수오의 뿌리는 갈색이나 붉은색에 가깝다. 백하수오가 없으면 적하수오로 대체가 가능하다. 탈모방지 헤어제품에 사용 가능하며, 두피 트러블방지 제품에 사용이 가능합니다. 알레르기로 인한 피부소양증을 억제하고, 자외선 UV-B 영역을 효과적으로 흡수하여 두피와 모발의 노화방지를 위한 제품에 사용함이 효과적이다.

(7) 상황버섯(Phellinus linteus) 추출물

상황버섯에서 추출한 것이다. 상황버섯은 주로 30~60년 된 야생의 뽕나무나 활엽수의 고목에 기생하는 버섯의 일종으로 노화방지, 기미, 주근깨, 잡티 제거에 효과가 확인된 식물이다.

비타민 E보다 항산화 효과가 뛰어난 것으로 알려져 있으며 노화방지에 주로 사용된다. 특히 미백, 노화방지, 면역 증강 효과가 높다.

(8) 네틀(Nettle) 추출물

네틀은 유럽 아열대, 멕시코 등지에 분포된 식물로서 쐐기풀이라 하며, 유럽과 아열대에서는 다목적에 사용하는 식물이다. 저온 추출법을 이용하여 성분 파괴를 최소화시켜 추출한 원료이다. 성분은 미산, 히스타민, 아세틸산, 클로로필 등 비타민 C, 비타민 A, 규소, 철, 칼륨 등의 미네랄이 풍부하게 함유되어 있다. 작용은 피부의 진정작용 및 수렴작용 등에 많이 사용되는 것으로 알려져 있으며, 특히 모발보호와 탈모방지 헤어제품에 많이 사용한다. 신경에 좋으며, 네틀의 침출액을 샴푸로 사용하면 발모제 효과가 있고, 린스로 사용하면 비듬을 없애주는 효과가 있다고 전해진다. 네틀을 삶은 물은 머리털을 튼튼하게 해주어 머리 빠짐 예방에 효과가 있다. 또한 차는 빈혈에 좋은 철분이 풍부한 강장제이다. 잎은 매우 귀중한 화학비료이며, 혈액 순환을 자극하고 습진이나 통풍도 치료한다. 즙은 습진, 화상, 삔 데, 치질 등의 치료에 효과가 있다. 씨앗은 폐결핵이나 기관지염 후의 폐를 치료하는 데 이용한다. 또한, 쐐기풀은 철분의 함유로 귀중한 강장약이 된다. 불면증에 탁월한 치료 효과가 있고, 비타민 C로 인하여 철분 흡수를 확실하게 도와주며 모유의 분비를 촉진하고, 당을 분해하여 혈당치를 내린다. 탁월한 수렴 약으로 지혈에도 효과가 있어서 내복하면 월경 과다를 치료한다. 외용으로 잎의 즙은 코피를 멈추게 하는 데 사용한다. 세정액은 치질 치료에 유효하며 혈액에 활성작용이 있으므로 사춘기의 소녀나 갱년기의 여성에게 사용하면 효과적이고 습진 치료에도 좋다.

(9) 헤나(Henna) 추출물

초록빛이 도는 갈색 가루이며, 물과 섞어 진흙처럼 개어서 사용한다. 레몬주스나 에센셜오일(essential oil) 등을 섞어 잎에서 염료를 추출하기도 한다. 헤나 나무는 이집트가 원산지이며, 파키스탄, 인도, 네팔 등에서 자란다. 기온이 높고 건조한 지역에서 자라며, 크기는 2~3 m이다. 오래전부터 잎은 모발 염색이나 문신 등에 사용하였고, 꽃은 향수의 원료로 이용하였다. 또 살균 효과가 있어 피부병 등에 약재로도 쓰인다. 모발 염색 작용은 잎에 함유된 로소니아(lawsonia) 성분 때문이며, 붉은색이 도는 갈색으로 염색된다. 또 머리카락에 윤기를 더하는 효과도 있다. 문신을 할 경우에는 피부에 어두운 갈색으로 물들어서 일주일 정도 지나면 흔적이 사라진다. 두피의 가려움증 해소, 두피 소독, 비듬제거 효과, 탈모방지 헤어제품에 적용, 모발 성장촉진 등의 효과가 있으며, 헤어트리트먼트의 효능으로서는 모발을 코팅, 두피의 건강, 비듬 컨트롤 및 모발 성장촉진 천연 염료로서 모발 손상을 방지하고 탈모방지 헤어제품에 사용하면 효과가 있다.

(10) 석류(Punica granatum) 추출물

성분은 당질(포도당, 과당)이 약 40%를 차지하며 유기산으로는 새콤한 맛을 내는 시트르산이 약 1.5% 들어 있다. 수용성 비타민(B_1, B_2, 나이아신)도 들어 있으나 양은 적다. 껍질에는 타닌, 종자에는 갱년기 증상에 좋은 천연식물성 에스트로겐이 들어 있다.

피부의 윤기와 탄력을 유지시키는 콜라겐의 흡수를 돕고, 건강하고 풍성한 모발 유지에도 효과가 높으며, 각질 제거에도 좋은 효과를 보이고, 피부 미백에도 좋은 작용을 한다. 그리고 천연 에스트로겐 성분이 풍부하고, 주름예방과 피부 탄력강화에 효과가 높다.

TIP 3-2

▶ **나이아신**(Niacin)

나이아신은 전체 물질대사에 필요한 영양소이며, 신경전달 물질의 생산과 피부의 수분을 유지시켜 주는 효과가 있으며, 혈관을 확장시키고 혈중 콜레스테롤 수치를 저하시키는 작용에 관여한다. 나이아신은 조효소로 전환되어 생체 내 산화 · 환원 반응에 관여하며 탄수화물 대사, 지방산 대사, 세포 호흡, 스테로이드 합성 대사 과정에 관여한다. 또한 나이아신은 조효소로서 체내에서 에너지 대사 특히 ATP 생성 과정에 중요한 역할을 한다.

필수아미노산인 트립토판(tryptophan)으로부터 나이아신으로 전환되는 평균율은 트립토판 60 mg이 나이아신 1 mg으로 전환되는 것으로 추정된다. 트립토판으로부터 나이아신으로 전환되는 과정에 비타민 B_2, B_6, 철 등 미량 영양소가 필요하다.

나이아신은 위와 소장에서 흡수된다. 저농도에서는 능동 운반에 의하여 고농도에서는 단순 확산에 의하여 흡수된다. 나이아신 조효소는 간에 저장되고, 과잉이면 나이아신은 소변으로 배출된다.

(11) 어성초(Houttuynia cordata thunberg) 추출물

잎에서 고기 비린내가 나기 때문에 붙여진 이름으로 '약모밀'이라는 약초이다. 해열, 배농작용이 뛰어나 폐농양으로 인한 기침, 피고름을 토할 때, 폐렴, 급만성기관지염, 장염, 요로감염증, 종기에 쓰며, 열이 많고, 소변을 못 볼 때 사용한다. 약리작용으로 항균작용, 면역증강작용, 항염증작용, 이뇨작용, 진해작용이 보고되었다. 어성초는 염증치료 및 세포재생 기능과 살균, 항균, 소염 작용으로 여드름, 아토피에 사용하면 효과가 좋다.

(12) 편백나무잎(Hinoki cypress) 추출물

세균에 대한 항균 및 살균 작용이 뛰어나 웰빙 용품 소재로 많이 사용된다. 일본에서 최고급 내장제로 사용되며, '히노끼'라고도 불린다. 편백나무에는 피톤치드라는 천연 항균물질이 많이 함유되어 있어 살균 작용이 뛰어나고, 내수성이 강해 물에 닿으면 고유의 향이 진하게 퍼져 잡냄새도 없애주기 때문에 최근 도마 재질로 많이 사용되고 있다.

피부 노화의 원인이 되는 활성산소로부터 피부의 산화적인 스트레스를 예방함으로써 생기 있는 피부를 가꾸는 데 효과적이다. 측백나무에는 히노키플라본, 알파-피넨, 퀘르세틴 등 다양한 생리 활성물질이 존재하고 있어서 예로부터 탈모, 진정제 등에 사용되던 식물이다. 피부에 긴장감을 부여하고, 모공수렴 작용에 관여함으로써 탄력이 있는 피부 관리에 효과적이며, 모발 컨디셔닝, 즉 건강한 모발 관리에 효과적이다. 또한 피부 보호 작용을 한다.

(13) 로즈마리(Rosemary) 추출물

항균, 살균 작용이 뛰어나며 보습 효과에도 좋다. 피부를 부드럽게 진정시켜주어 화장품 원료로 사용되며, 특유의 신선한 향이 뇌의 기능을 활성화시켜주어 향신료로 많이 사용되고 있다. 피부를 재생시켜 늘어진 조직에 활력을 주고, 부종과 비듬의 발생을 억제하며 모발 성장을 촉진한다. 피부의 윤기와 탄력을 유지시키며 수렴작용을 한다. 또한 살균 소독력이 풍부하며, 원기를 회복시키는 작용이 있다.

(14) 비타민(Vitamin) 나무열매 추출물

보리수나무 과에 속하고 버드나무를 닮은 산사자나무(씨벅턴/씨벅톤)이다. 북아시아와 유럽이 원산지이며, 빙하시대가 끝난 뒤 스칸디나비아반도에 정착한 최초의 식물들 중의 하나로 추위에도 잘 견디고, 모래투성이인 산지나 해안 지방, 그 외의 극단적인 기후에도 잘 자라는 생명력이 강한 나무이다. 비타민 나무열매는 비타민 C와 비타민 E가 풍부하여 지친 피부를 진정시키고 활력을 주는 데 효과가 있다. 효능은 피부 컨디셔닝 역할을 하여 건강한 피부 관리에 효과적이며, 모발 컨디셔닝, 건강한 모발 관리에 효과적이다. 또한 피부를 보호하는 데 효과적이다.

(15) 검은콩(Glycine semen nigra) 추출물

검정콩 또는 흑대두(黑大豆)라 한다. 콩은 흔히 밭에서 나는 쇠고기라고 부를 정도로 영양가가 높다. 검은콩은 일반 콩과 비교하여 영양소의 함량은 비슷하지만 노화방지 성분이 4배나 많다고 알려지면서 각광을 받고 있다. 또 속눈썹의 모근에 풍부한 영양을 공급해 주는 데 도움을 주며, 검은콩에는 항산화 물질인 '안토시아닌'이 들어 있어 속눈썹 영양제, 마스카라, 샴푸 등에 많이 사용하고 있다. 모발 성장에 필수 성분인 시스틴(cysteine)이 함유되어 있어 탈모방지 헤어제품에 사용하면 효과가 있다. 《본초강목》에는 검은콩의 효능에 대하여 "신장을 다스리고 부종을 없애며, 혈액 순환을 활발하게 하며 모든 약의 독을 풀어준다"고 기록되어 있다. 꾸준히 복용하면 신장과 방광의 기능을 원활하게 해준다.

(16) 백합(Lily) 추출물

고대 사람들은 구근을 요리해서 먹었으며, 지금도 여러 나라에서 구근 요리를 먹고 있다. 점액 성분은 화장품에 이용된다. 화상, 뾰루지, 여드름에 바르는 연고에 사용한다. 오일에 절인 꽃잎은 습진을 치료하며, 꽃은 상업용 향수 제조에 쓰인다. 백합은 각질 유연화에 효과적이고, 은은한 윤기와 보습, 피부 영양공급에도 효과적이다.

(17) 브로콜리(Broccoli) 추출물

서양인들이 브로콜리를 즐겨 먹는 가장 큰 이유는 암에 강한 채소로 인식되어 암 예방에 효과적일 것으로 기대하기 때문이다. 브로콜리에는 베타카로틴, 비타민 C, 비타민 E, 루테인, 셀레늄, 식이섬유 등 항암 물질들이 다량 함유되어 있다. 또한 발암 물질을 해독하는 인돌도 들어 있다. 브로콜리는 피부 속에서 콜라겐 합성을 증가시켜 피부 활성, 피부 탄력에 도움이 되는 성분을 함유하고 있다. 브로콜리에 함유된 비타민 B는 피부노화 방지에 도움을 주며, 비타민 C를 레몬보다 2배나 많이 함유하여 기미나 주근깨 등의 색소침착을 막아 피부를 투명하고 희게(미백) 가꾸는 데 효과적이다. 또한 피부에 유해한 물질이 활동하는 것을 막아주며, 유해물질로부터 저항력을 키워준다. 모공의 수렴작용에 도움을 주어 피부를 매끄럽게 관리할 수 있도록 한다. 황산화 물질과 다량의 칼슘(Ca)을 함유하고, 골다공증, 암, 심장병을 예방한다.

(18) 레몬(Lemon) 추출물

레몬은 고대 라틴, 그리스, 아라비아 사람들이 많이 사용한 것으로 피부를 진정시키는 효과가 있기 때문이다. 비타민 C와 구연산이 많기 때문에 신맛이 강하다. 과피에서 레몬유를 짜서 음료, 향수 및 레모네이드의 원료로 사용하고, 과즙은 음료 · 식초 · 화장품의 원료로 사용하며 과자를 만들 때 향료로도 사용한다. 과일의 표피(껍질)를 설탕에 절여서 캔디를 만들고 또 이것을 잘게 잘라서 케이크를 장식할 때도 사용한다. 레몬은 오랫동안 화장품 원료로 사용되어 왔는데, 여성들의 손을 부드럽게 할 뿐 아니라, 손톱에 윤기를 나게 하고 지성 피부의 피지를 감소시키는 동시에 잡티를 제거하여 맑은 얼굴이 되게 한다. 피지의 과잉 분비를 조절하며, 거칠어진 피부 결을 정리해주고 신진 대사를 촉진함으로써 피부 영양 밸런스를 조절해 준다. 세포 독성 완화작용으로 피부를 유연하고 윤기 있게 만들어주며, 각질 제거에도 효과적이다.

(19) 은행잎(Ginkgo) 추출물

은행나무의 출생 기원은 2억만 년 전으로, 식물 중에서 가장 오래된 나무이다. 은행나무에는 공해 물질에 대한 저항성을 갖고 있는 특수한 보호물질이 있어 자동차 배기가스, 스모그, 기타 독성물질에 잘 견디어 낼 뿐 아니라 박테리아, 곰팡이, 바이러스와 해충 등에도 전혀 문제가 되지 않는다. 또한 피부세포막의 불포화 지방산을 산화하여 기미, 주근깨, 잔주름, 노화 등을 일으키는 활성산소를 포착, 제거하는 데 효과적이며 보습작용을 한다.

효능은 건조한 피부를 보호하고 지친 피부에 활력을 높이는 데 효과적이고, 피부 컨디셔닝 역할을 하여 건강한 피부로 개선하고 관리하는 데 효과적이며, 활성산소를 포착, 제거하는 데 도움을 주는 노화방지 제품에 사용 가능하다. 또 플라보노이드 성분이 많이 함유되어 혈색이 좋은 피부로 가꿔주는 데 효과적이다. 은행잎에서 추출한 성분으로 만든 약품 '징코민'도 은행나무 잎에서 추출한 천연 혈액순환 촉진제이고 독일이나 프랑스에선 은행잎 추출물로 만든 혈액순환제가 혈관 장애나 치매증, 뇌기능 개선제로 이용되고 있다.

(20) 상백피(Morus alba L) 추출물

쐐기풀목 뽕나무과의 관목 뽕나무의 잎으로 주로 누에의 먹이로 쓰며 아미노산과 섬유소가 풍부하다. 면역력 향상과 원기 회복에 효과가 있으며 한의학에서 매우 중요한 약재로 이용된다. 또 뽕나무 뿌리, 껍질은 비염 치료에 매우 효과적인 민간 약재로 이용되며 뽕잎 추출물은 화이트닝 화장품의 매우 우수한 미백제로 사용된다. 뽕잎 추출물이 피부에 흡수될 경우, 멜라닌 색소에 직접 작용해서 색소를 탈색시키는 효과가 있다.

(21) 자소엽(Perillae folium) 추출물

자소엽은 차조기 또는 자소엽이라고 하며, 줄기가 곧게 서고 자주 빛이 보이며 향기를 가진 잎은 넓은 창 모습으로 길이 3~5 cm의 잎자루가 있는 식물이다. 비타민, 미네랄, 비타민 B, B_1, B_2, B_6, 비타민 C, E, K, 나이신, 칼슘, 철, 페릴알데하이드와 리모넨, 피젠 등의 영양소가 다양하게 함유되어 있고 강한 항균작용과 함께 탈모방지 샴푸나 두피 스프레이 등을 만들 때 많이 사용한다. 헤어스프레이나 샴푸를 만들어 쓰면 피지에 의한 지성두피를 완화하고 청결에 효과적이다. 두피에 수분과 영양물을 공급하고 노폐물을 제거하여 피지 성분의 밸런스를 유지하며 모발을 건강하게 한다.

(22) 한련초(False daisy) 추출물

한련초는 국화과에 속하는 다년생의 초본으로 전국의 논이나 습한 곳에서 쉽게 찾아볼 수 있다. 한련초는 상처를 곪게 만드는 황색포도상구균, 콜레라균과 이질균 등을 없애는 효능이 우수하며 종기의 원인이 되는 녹농균 등에도 강력한 항균 작용을 한다. 동의보감을 포함해서 모든 한방 의서에서 한련초가 머리카락과 털을 자라게 하며 백발을 검게 한다고 기록하고 있다. 한련초의 모발 성장에 대해서는 정확히 밝혀지지 못했지만, 한의학계에서는 한련초가 열을 내려주는 효능과 신장을 건강하게 해주는 것으로 예측하고 있다.

(23) 알란토인(Allantoin) 추출물

알란토인은 컴푸리(comfrey) 뿌리에서 추출하는 순수 천연 성분으로 독성이 없어 안전성이 우수하고 약리작용이 뛰어나 화장품의 성분으로 넓은 범위에 사용한다. 피부 진정효과가 있어서 여드름성 피부, 민감성 피부, 아토피성 피부 등에 효과적이고, 피부를 부드럽게 하는 유연제, 보호제, 진정제 등에도 효과가 있다. 또 알란토인은 피부의 작은 상처나 트러블 치유에 도움을 주고 건강한 피부 세포의 재생을 촉진하는 작용이 있다. 식물 추출물로 샴푸 등에 사용할 경우 진정에 도움을 주므로 컨디셔닝의 효과를 기대할 수 있다.

피부가 트는 현상을 방지하고 피부 유연성을 증가시켜서 피부 표면을 부드럽고 매끄럽게 하는데 효과적이다.

(24) 알파인 허브(Alpine herb) 추출물

청정지역인 알프스 고산지대의 고도 1000~3000 m에서 자생하는 야생 허브 꽃잎에서 추출한 천연물이다. 스위스 알파인 허브 추출물은 피부를 촉촉하게 유지시켜주며, 유분과 수분을 적절하게 공급하여 매끄러운 피부를 유지하며 피부와 두피에 진정작용을 하여 아름다운 피부와 머릿결을 유지하도록 해준다. 피부 개선, 항균작용 및 외부 피부자극 완화에 효과가 있고, 미네랄 복합체로서 세포에 영양분을 공급하고 신진대사를 촉진하는 효과가 있다.

(25) 병풀(Centella asiatica) 추출물(고투콜라 추출물)

병풀은 수천 년 동안 동양의 민간에서 약용식물로 알려져 널리 사용된 식물이다. 병풀은 미나리과 식물로 습기가 있는 곳에서 자라며, 호랑이풀로 잘 알려진 약초이다. 항염과 항균작용을 하며 마데카소사이드 성분이 있어서 상처치유 및 흉터 완화에 좋다고 널리 알려졌다. 손상된 피부를 재생하고, 상처를 치유하며, 염증을 완화한다. 콜라겐을 생성하는 효능도 있어 자극받은 피부를 회복하거나 피부 탄력을 유지하는 데 도움이 된다.

상처치료 연고제나 상처가 났을 때 바르는 호랑이연고가 대표적인 병풀추출물이 함유되어 있는 제품이다. 병풀추출물은 재생크림의 화장품 원료, 연고 크림, 모공 축소, 외부로부터 피부를 보호하는 화장품, 트러블 피부의 진정 등의 넓은 영역에서 활용되고 있다. 반면, 다량으로 사용할 경우 개인의 건강 상태 및 피부 반응에 따라 부작용이 나타날 수 있다. 병풀은 천연 식물이기에 특별한 부작용은 없지만 과다 복용할 경우 구토, 소화불량의 증상이 발생할 수 있다고 전해진다. 일반적인 식용으로 사용하거나 약재 정도로 복용할 경우 문제가 없지만 간 질환이 있는 사람이나 임산부 등의 경우 복용을 하지 않는 것이 좋다고 한다.

(26) 카렌듈라(금잔화, Calendula) 추출물

카렌듈라는 지중해 북부에서 매년 피는 꽃으로 카렌듈라 허브는 메리골드, 가든 메리골드, 골드 블룸, 홀리골드, 메리버드, 저글 등으로 소개되기도 한다. 카렌듈라는 피부를 치료하는 특성이 있다고 해서 고대 이집트 시대부터 사용되고 있는 물질로 소염작용, 보습작용, 다양한 피부 질환 완화 등에 효과적이다. 카렌듈라 추출물은 피부 손상을 막아주고 가려움과 피부자극을 완화시키는 작용이 강하며 비타민 E를 함유하고 있어서 피부를 구성하는 성분의 산화를 막아 피부 노화를 방지하는 역할을 한다. 주요 효능으로는 살균효과가 필요한 피부염, 피부상처, 염증, 종기 치료에 효과가 있고 지혈성 수렴효과, 민감성 피부의 개선작용, 건성 피부의 개선작용, 자외선에 탄 피부의 개선작용, 모발톤 등을 향상시키는 효과가 있다.

(27) 솔잎(Pine needles) 추출물

우리나라에 자생하는 소나무의 잎으로 탄닌, 클로로필 등을 함유하여 모공수렴에 효과가 있고 피부의 혈액순환과 신진대사를 향상시키고, 항염작용, 항균작용을 한다. 또 솔잎에 함유하고 있는 옥시파르팀니산은 노화방지에 효과적인 성분으로 알려져 있다. 솔잎에는 에스테르, 테르펜틴 등의 성분이 풍부하다. 주요 효능은 콜레스테롤 (LDL 콜레스테롤)의 수치를 감소시켜 혈중 콜레스테롤 수치를 낮추어서 자연스럽게 피가 깨끗해지고 혈류가 원활하게 흐르므로 혈전의 생성이 억제된다. 장기간 복용할 때 혈관 질환인 고지혈증, 동맥경화, 고혈압, 심근경색 및 뇌졸중과 같은 각종 질환의 예방 및 개선에 큰 효과가 있다. 또한 니코틴 분해, 숙취 해소, 간 기능 향상 등에도 효과가 있다.

(28) 가시오가피(Siberian ginseng) 추출물

가시오가피의 속명 아칸토파낙스(acanthopanax) 중에서 아칸토(acantho)는 그리스어의 판(panax)과 결합된 복합어로서 한국에서는 '가시오갈피'라고 부른다. 두릅나무과에 속하고, 크기는 높이 2~3 m로 낙엽 관목으로 인삼보다 좋다는 약용식물로 알려져 있으며, 한국과 북한, 일본, 중국의 깊은 산에서 자생하는 식물이다. 가시오가피에는 아칸토사이드라는 성분이 포함되어 피부에 영양성분과 컨디셔닝을 주어서 피부 상태를 개선해주고 활력 있는 피부로 유지하는 데 효과적이다. 주요 효능은 항산화 효과 및 항스트레스 효과 등으로 피부노화를 예방하고 면역력 증강 효과, 항암효과, 해독작용 등을 통해 생기가 있는 피부 관리에 효과적이다.

(29) 계피(Cinnamomum japonicum) 추출물

중국의 남부, 일본 남부, 월남, 캄보디아, 태국 등지에서 자생하는 녹나무과에 속하는 상록교목인 생달나무(cinnamonum)의 나무껍질이다. 상쾌한 청량감과 방향, 단맛이 있는 물질로 알데히드가 있어 매운맛과 독특한 향을 가지며, 약효 성분은 휘발성 정유 성분이 약 1%로 펠란드렌(phellandrene), 유게놀(eugenal), 메틸유게놀(methyleugual) 등을 함유하여 방부제의 역할도 한다. 약성은 열성이고 효능은 비위장의 기능을 활성화시키므로 복부가 차가워져서 생기는 복통이나 설사 등에 많이 이용한다. 또 풍습성으로 인한 사지마비와 동통을 치료하고, 허리나 무릎이 차고 시리면서 아픈 신경통과 관절 질환에도 많이 활용한다. 또한 계피향 성분은 모기퇴치 기능과 함께 항균 작용을 하므로 항생제처럼 작용하기도 한다.

(30) 인진쑥(Artemisia capillaris) 추출물

쑥은 전 세계에 약 250종이 분포하고 있으며, 우리나라에는 약 25종이 분포되어 있다. 산비탈과 들에서 자라는 식물로 소염, 진정작용이 뛰어나 여드름 피부에 효과가 있고 비타민 A는 그 모체에 베타카로틴 성분 형태로 존재하여 피부에 탄력을 주고 윤기를 흐르게 하며 피부미용에 도움을 준다. 탄 피부에 진정작용이 있으며, 피부 탄력을 강화시켜 준다. 향균작용, 살균작용, 피부 트러블을 자극 없이 진정시켜 주므로 트러블 피부나 민감성 피부 등에 사용한다.

(31) 파파야(Carica papaya) 추출물

파파야는 피부를 진정시키거나 각질 케어 관련 제품 등을 만들 때 많이 사용한다. 파파야 과일은 피부를 빛나게 해 주고 피부를 깨끗하고 투명하게 가꾸어 주며 연한 과육은 피부에 영양을 공급해 주고, 피부의 칙칙한 그늘과 반점(오타모반)을 제거해 주는 데 효과적이다. 과일 껍질은 오랫동안 낫지 않는 상처를 치료하는 데에도 효과적이며, 주름을 제거하고, 피부를 재생시켜주는 효과가 있다.

(32) 재스민(Jasmine) 추출물

재스민은 건성 피부, 손상 피부, 민감성 피부에 효과가 있고, 노화방지, 피부탄력에 효과가 있다. 재스민 허브티는 생리불순의 정상화, 산후고통 완화, 모유 촉진, 냉증, 스트레스성 위통, 우울증, 목소리가 변성된 경우에 효과가 있으며 그 향은 기분을 고양시켜 내분비계를 조절하는 효능도 가지고 있다.

(33) 녹두(Vigna radiata) 추출물

콩과에 속하는 일년초이며, 알갱이의 크기는 팥보다 작지만 형태는 비슷하고 빛깔이 이름처럼 고운 초록색이다. 알이 잘고 귀한 곡물로 피부에 생긴 트러블을 자극 없이 진정시키므로 트러블 피부나 민감성 피부에 효과가 있다. 또 피부 속의 독소나 노폐물을 제거하므로 메이크업을 지우는 제품, 피지 생성 및 분비를 조절하여 번들거림을 방지하는 제품, 외부 자극을 완화하고 진정시켜 피부 건강을 유지하는 화장품 등에 효과적이다.

(34) 위치하젤(Hamamelis virginiana, 풍년화) 추출물

위치하젤은 아열대에 서식하는 낙엽수의 일종으로, 한국어로는 풍년화라 한다. 미국 인디언들이 이용한 약용으로는 근피(나무껍질)가 이용되지만 지금은 잎에서 성분을 추출하여 이용한다. 모공이 넓은 지성 피부와 염증성 피부에 효과가 좋으며 피부 트러블, 진정, 수렴 및 지성 피부 관련 제품에 사용이 효과적이다. 하마멜리스 잎에서 추출한 위치하젤은 탄닌(tannin)과 다양한 헥센올(hexenol)을 포함한 천연의 식물성 알코올 성분들의 작용으로 높은 수렴 효과를 나타낸다. 지성 피부와 넓은 모공을 가진 피부에 유용하게 사용한다. 위치하젤은 피부의 자유 래디컬(free radical)을 막아주고, 정맥 벽을 보호하고 강화하여 피부를 건강하게 함과 동시에 피부에 청량감을 높여 준다. 피부 순환주기를 촉진하는 데 관여하여 새로운 피부층으로의 전환과 피부 상태의 개선에 도움을 준다.

(35) 작약(Peony root) 추출물

작약은 한의학에서 기본적인 5대 약재 중 하나로 넓은 영역에서 이용되고 있으나 실제로는 많이 알려지지 않은 약재이다. 한의학에서 미용 효과로 피부질환 또는 건조하고 거친 피부, 기미 등의 여성에게 일어나기 쉬운 증상을 치유하는 데 많이 사용되고, 항염이나 여드름 억제가 뛰어나서 여드름성 피부, 복합성 피부, 건성 피부 등의 건조하고 거친 피부를 개선시키는 데 효과적이라고 알려져 있다.

2. 유상원료-유성

화장품에서 유지의 기능과 작용

❶ 피부 및 모발에 유연성, 윤활작용, 광택효과 등이 있어야 한다.
❷ 피부에 소수성 피막을 형성해서 외부 유해물질 침투를 억제해야 한다.
❸ 피부 표면의 수분 증발 억제로 인한 피부가 건조해지는 현상을 방지해야 한다.
❹ 성분을 혼합할 때 자외선 흡수제, 비타민류, 염료 등을 잘 녹여야 한다.
❺ 피부에 필요한 성분을 잘 흡수하도록 도와야 한다.
❻ 염증이 생긴 부위에 표피세포의 형성을 촉진해야 한다.

1) 유지

(1) 식물유

❶ 아보카도유(Avocado oil)

아보카도 열매에서 추출한 불포화지방산의 글리세라이드로 주성분은 **올레인산**(64~90%)이고, 미리스틴산, 리놀산을 함유하고 있다. 특성은 거칠고 탄력이 없는 피부를 부드럽게 하는 피부조직 연화작용, 각질, 건성, 지루 증세를 회복하는 피부 보호작용, 피부에 과립을 형성하는 피부 재생작용, 자외선 흡수작용 등을 한다. 용도는 각종 크림, 로션, 샴푸, 린스, 립스틱, 파운데이션 등에 사용한다.

그림 3.5 아보카도 오일(Avocado oil).

❷ 로즈힙오일(Rose hips oil)

로즈힙에서 추출한 오일로 주성분은 팔미틴산(3.8%), 올레인산(4%), 리놀산(linoleic acid)(4%), 리놀렌산(linolenic acid)(5%) 등을 함유하고 있다. 특성은 세포 조직 부활, 기미의 색소침착 개선, 피부노화 억제, 이뇨작용, 모세혈관 강화하고, 용도는 유화타입의 목욕 용제의 유상, 크림류의 영양제 등에 사용한다.

그림 3.6 로즈힙오일(Rose hips oil).

❸ 아몬드유(Almond oil)

아몬드의 핵에서 추출한 오일이다. 주성분은 올레인산(77%), 리놀산(17%) 등을 함유하고, 특성은 예민한 피부와 유아 피부의 유연작용을 한다. 용도는 유액, 크림, 연고 등의 베이스, 아로마테라피 용도의 베이스 오일이다.

그림 3.7 아몬드 오일(Almond oil).

❹ 올리브유(Olive oil)

올리브 열매 과육에서 추출하고 주성분은 올레인산(82%), 리놀산(6%), 팔미탄산(9%) 등을 함유한다. 특성은 피부 면의 수분 증발 억제를 하고 용도는 각종 크림, 마사지 오일, 머릿기름, 마사지오일, 계면활성제 원료로 사용한다.

그림 3.8 올리브오일(Olive oil).

❺ 참깨오일(Sesame oil)

열대와 온대에서 재배한 참깨 씨를 압출하고 주성분은 팔미틴산(8%), 스테아린산(5%), 올레인산(40%), 리놀산(40%) 등을 함유한다. 특성은 산화방지 자외선 차단하는 물질인 세사몰을 함유하여 일광차단제로 사용하고 용도는 크림, 마사지오일, 오일 연고 베이스에 사용한다.

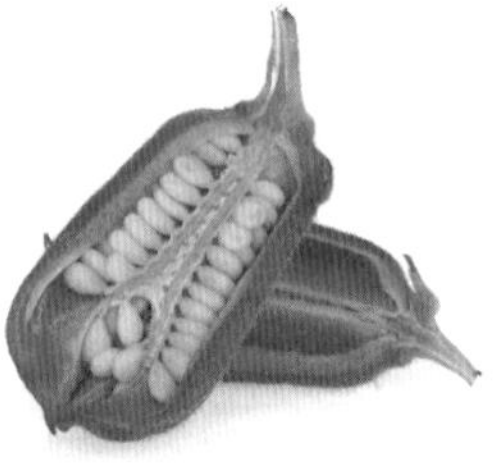

그림 3.9 참깨오일(Sesame oil).

❻ 피마자유(Castor oil)

피마자(아주까리)씨를 압축해서 추출한 점성이 있는 오일로 주성분은 리시놀레산(87%), 리놀산(3%), 팔미틴산(2%) 등이 함유하고, 특성은 변비에 대한 관장약으로 사용하며 점성과 부착력이 좋아서 피부보호제로 사용한다. 용도는 립스틱, 매니큐어의 가소제, 비이온 계면활성제의 원료로 이용된다.

그림 3.10 피마자유(Castor oil).

❼ 동백오일(Camellia oil)

동백나무열매를 압축하여 추출한 오일이며 주성분은 올레인산(88%), 리놀산(4%), 미리스틴산, 팔미틴산, 스테아린산, 아라킨산을 합하여 13% 정도이고, 특성과 용도는 두발용 화장품 베이스, 각종 크림, 유액, 마사지오일, 선오일의 유상성분 연고에 사용한다.

그림 3.11 동백오일(Camellia oil).

❽ 대두유(Soybean oil)

대두를 압축하여 추출한 오일이고 주성분은 팔미틴산(9%), 스테아린산(4%), 올레인산(25%), 리놀산(50%), 리놀레인산(9%) 등이 포함된다. 특성은 올리브유에 비해서 안정성이 약간 떨어지고 피부 도포시 자극을 완화하고 표면보호와 건조방지를 해준다. 용도는 피부자극완화제, 건조방지제, 크림의 유상성분, 마사지오일, 선오일, 바디오일 등에 사용한다.

그림 3.12 대두유(Soybean oil).

❾ 유채꽃 오일(Rape seed oil)

유채꽃 씨앗을 압출 정제한 오일이고 주성분은 올레인산(58%), 리놀산(21%), 리놀렌산(11%), 포화지방산(6%), 에르가산(1.8%) 등을 함유하며, 특성은 내한성, 내관성이 우수하다. 용도는 식용, 올리브유 대체재, 연고 등에 사용한다.

그림 3.13 유채꽃 오일(Rape Seed oil).

❿ 카카오 버터(Cacao butter)

카카오 씨앗을 압출 정제한 오일이고 주성분은 올레인산(40%), 팔미틴산(24%), 스테아린산(33%), 리놀산(2%) 등을 함유하며, 용도는 생약 베이스, 립스틱, 크림 등의 베이스로 사용한다.

그림 3.14 카카오버터(Cacao butter).

⑪ 호호바 오일(Jojoba oil)

호호바 씨앗을 압출 정제한 오일이고 주성분은 C_{34}~C_{50}의 왁스 에스테르가 95% 이상이며, 특성은 피부 치료 및 약용 목적으로 사용하는 피지분비 억제, 모발성장 촉진, 부작용이 가장 적어 립스틱 원료로 좋다. 용도는 에모리엔트제의 유액, 크림의 스킨케어 제품, 립스틱, 파운데이션, 샴푸, 린스 등에 사용한다.

그림 3.15 호호바 오일(Jojoba oil).

TIP **3-3**

▶ 오일 속에 들어 있는 중요한 산의 성분

올레인산(Oleic acid)

- omega-9, $C_{18}H_{34}O_2$
- 공기 중에 방치하면 산화되어 악취를 유발
- 모유에 함유되어 아기의 성장과 발육, 고지혈증 환자에게 유용하며 천의 방수제로 사용

리놀산(Linoleic acid)

- omega-6, $C_{18}H_{32}O_2$
- 알코올에 녹는 성질

리놀레인산(linolenic acid)

- omega-3, $C_{18}H_{30}O_2$
- 체내에서 EPA(Eicosapentaenoic acid), DHA(docosahexaenoic acid)로 전환

리시놀레인산(Ricinoleic acid)

- omega-9, (—OH(12번), —COOH), $C_{18}H_{34}O_3$
- 드라이클리닝용 비누, 섬유의 유재, 글리세라이드 등

팔미틴산(Palmitic acid)

- $C_{16}H_{32}O_2$, $(CH_3(CH_2)_{14}COOH)$
- 도료 그리스, 화장품, 플라스틱, 비누, 합성세제 등에 사용
- 경랍은 팔미틴산과 세틸알코올의 에스테르이다.

스테아린산(Stearic acid)

- $C_{18}H_{36}O_2$
- 우지에 많이 함유, 식품 계량제, 소포제로 이용
- 비누 표면활성제, 양초, 칼슘정량에 이용함

⑫ 팜유(Palm oil)

팜의 과육을 압출 정제한 오일로 카로틴을 함유하고 주성분은 올레인산(40%), 팔미틴산(48%), 리놀산(8%), 스테아린산(3%) 등을 함유하며 특성은 석검에 사용하면 야자유에 비해 기포의 지속성이 좋고 피부 자극이 적다. 용도는 석검의 원료로 사용한다.

그림 3.16 팜유(Palm oil).

⑬ 코코넛오일(Coconut oil)

코코야자의 씨앗을 압출 정제한 지방오일이고 주성분은 올레인산(60~90%), 팔미틴산(6%), 리놀산(8%), 미리스틴산(4~16%), 라우린산(44~52%), 데칸산(6~10%), 옥탄산(5~9%) 등을 함유하며, 특성은 산화에는 안정하고 가수분해되면 특유의 향이 존재한다.

그림 3.17 코코넛 오일(Coconut oil).

(2) 동물유

❶ 밍크유(Minke oil)

밍크 고래의 피하지방에서 정제한 지방오일이고 주성분은 리놀산(46%), 올레인산(42%), 팔미틴산(21%), 올레인산 팔미테이트(18%), 올레인산미리스테이트(6%), 미리스틴산(5%), 스테아린산(5%) 등을 함유하며 특성은 피부친화력과 침투력이 우수하고 매끄러운 감촉과 잘 퍼지는 특성을 가지며, 자외선 흡수효과가 우수하고 표면 장력이 작아 비듬의 이탈을 촉진한다. 용도는 각종크림, 유액, 두발용 화장품에 사용한다.

그림 3.18 밍크고래(Minke oil).

❷ 계란오일(Egg oil)

계란의 난황에서 유기용매로 추출한 인지질을 함유하는 지방 오일이고, 구성 성분은 인지질(28%), 포스파틸딜콜린(69%), 포스파티에탄올 아민(25%), 리조포스파티딜 콜린(1.8%), 스핑고미에린(3.5%)이고, 중성지질(트리글리세라이드, 스테롤류 72%), 리놀산(16%), 올레인산(40%), 팔미틴산(29%), 스테아린산(2%), 리놀렌산(3%) 등을 함유한다. 특성은 천연유화제, 생체약성분, 유화작용, 황산화 작용, 에모리엔트 효과, 발모 효과 등이 있다. 용도는 모이스처 크림, 마사지오일, 모발용 화장품 등에 이용한다.

❸ 양모지(Lanolin)

양모에서 추출한 동물성 정제 오일로 주성분은 이소 지방산으로 특성은 얇은 막을 형성하고 피부에 침투가 잘 되며 유연 효과가 우수하다. 반대로 부작용 가능성에 주의가 필요하다. 용도는 기초화장품, 메이크업, 두발화장품 등에 에몰리엔트제, 가소제, O/W 유화제, 안전제, 분산제로 이용한다.

그림 3.19 양모지(Lanolin).

❹ 에뮤 오일(Emu oil)

에뮤라는 새에서 추출 정제한 오일이고, 주성분은 리놀산(6.5%), 올레인산(46%), 팔미틴산(30%), 팔미트 올레인산 (4.2%), 미리스틴산(0.2%), 스테아린산(10%), 엘라이딘산(0.7%) 등을 함유하고 있다. 특성은 피부의 점막 자극이 없어서 피부 깊이 스며들지만 부작용은 없고 민감성 피부의 항염증 효과, 태양열에 의한 화상, 비여드름제(피부에 흡수되어 여드름 방지), 건성 피부 치료, 노화방지, 색소침착 개선, 손발톱 재생, AHA의 효과 증대 등에 이용한다.

그림 3.20 에뮤 오일(Emu oil).

2) 왁스

❶ 카르나우바 왁스(Carnauba wax)

브라질산 카르나우바 야자의 분비물과 잎을 건조한 것을 열탕 추출한 것으로 구성 성분은 지방산과 알코올로 구성된 에스테르이고 특히 히드록시산에스테르가 많다. 특징과 용도는 식물왁스 중에서 녹는점이 가장 높으며 광택성, 굳기 등이 매우 좋다. 립스틱의 온도내성, 광택에 사용하며 크림유, 탈모왁스, 탈취스틱 등 경도를 가지는 화장품에 사용하기 좋은 재료이다.

그림 3.21 카르나우바 왁스(Carnauba wax).

❷ 칸데릴라 왁스(Candelilla wax)

온도차가 심하고 강우량이 없는 건조한 고온지대에서 자라는 식물 칸데릴라를 압출 정제한 물질로 구성성분은 지방산에스테르(시토스테롤, 디히드록시미리시놀산)가 29%이고, 탄화수소(헨도리아콘탄, $C_{13}H_{64}$)가 45%이며, 유리알코올, 유리지방산이 26% 정도로 함유되어 있다. 특성과 용도는 굳기 증가를 높이는 성질이 있고, 립스틱, 광택제, 방수제로 이용한다.

그림 3.22 칸데릴라 왁스(Candelilla wax).

❸ 밀납(Bees wax)

유럽 아프리카, 인도 등지의 꿀벌의 집을 압출 정제한 것이다. 구성 성분은 팔미틴산메리실($C_{15}H_{31}COOC_{31}H_{63}$) 등의 고급지방산과 고급 1가 알코올의 에스테르가 70% 정도이다. 특성과 용도는 성형이 쉽고 감촉이 부드러우며, 융점을 높게 하므로 립스틱에 사용하고 유화제로 콜드크림에 사용, 탈모왁스, 유액, 포마드 등의 유상 원료로 이용한다.

그림 3.23 밀납(Bees wax).

❹ 경납(Spermaceti)

향유고래의 지방을 정제한 왁스로 주성분이 팔미틴산세틸($C_{15}H_{51}COOC_{16}H_{33}$, 90%)인 에스테르이다. 특징과 용도는 피부에 유연효과 각종크림과 립스틱, 포마드, 연고 등에 사용된다.

그림 3.24 경납(Spermaceti).

❺ 라놀린(Lanolin)

양모에서 추출하고 주성분은 고급지방산(C_{10}~C_{28} 이소지방산)과 고급알코올(C_{18}~C_{26} 이소알코올)의 에스테르이다. 특징은 피부 친화성, 부착성, 습윤성이 높고 유화와 잘 섞이며 색과 냄새의 단점 때문에 화장품에 직접 사용은 피한다. 용도는 크림, 립스틱, 샴푸, 헤어 오일 등에 사용한다.

❻ 경화 피마자유(Hydrogenated caster oil)

피마자유에 수소 환원반응으로 얻은 고체상으로 특성과 용도는 증점제, 스킨컨디셔닝, 아이라이너, 아이섀도, 마스카라 등에 사용한다.

❼ 경화 라놀린(Hydrogenated lanolin)

라놀린에 수소 환원반응으로 얻은 고체상으로 용도는 유화제, 부수제, 에모리엔트제 등에 사용한다.

❽ 목랍(Japan wax)

일본 검양 옻나무 열매에서 추출한 것으로 성분은 팔미틴산의 글리세라이드(약 80%), 올레인산의 글리세라이드(약 6%) 등이고, 용도는 포마드, 칙크, 립스틱, 두발용 원료 등에 사용한다.

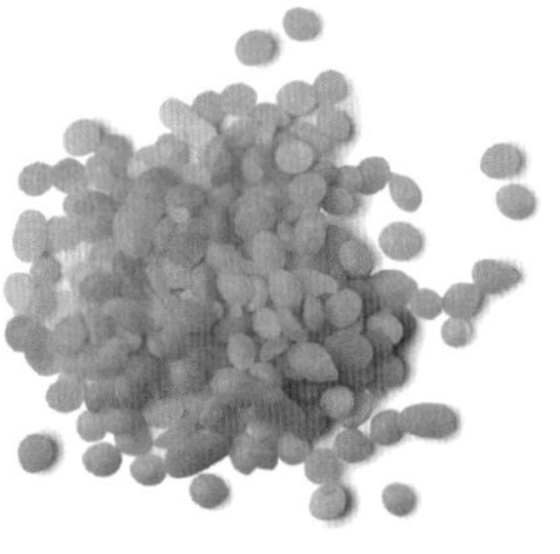

그림 3.25 목랍(Japan wax).

❾ 우지(Beef wax)

우지를 가수분해하여 얻은 지방으로 주성분은 올레인산(약 45%), 팔미틴산(약 30%), 스테아린산(약 25%), 리놀산 등이 있고 특징은 융점이 높아 액체상의 유화제의 융점을 조절하는 역할을 한다. 용도는 연고 베이스, 수소를 첨가하여 유화제로 이용하며 가용화제로도 사용된다.

❿ 돼지지방(Lard)

돼지의 피하 지방에서 얻은 지방으로 성분은 올레인산(약 45%), 팔미틴산(약 25%), 스테아린산(약 10%), 리놀산(약 10%) 등이 있으며, 용도는 연고 베이스에 사용한다.

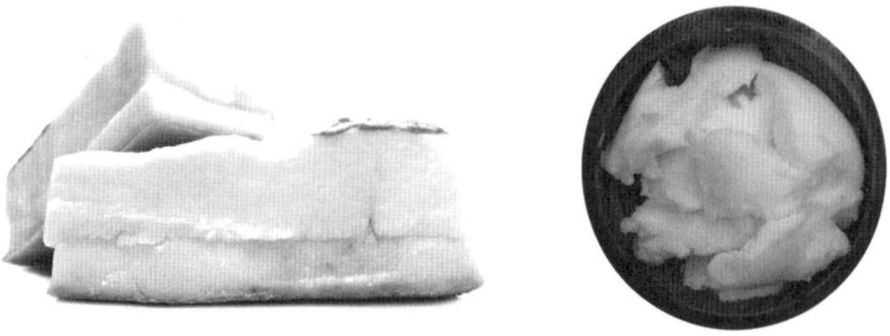

그림 3.26 돼지지방(Lard).

3) 탄화수소(Hydrocarbon)

❶ 유동파라핀(Liquid paraffin)

파라핀계 고급 탄화수소로 이루어지는 무색무취인 액체로 끓는점이 높은 석유의 유분(330~390°C)을 재증류하여 세정 탈색 후에 납을 여과(분리)하여 얻는다. 또 에테르, 클로로포름, 이황화탄소 등에는 잘 녹으나 물, 알코올 등에는 녹지 않는다. 초기에는 주로 약용, 화장품 원료 등으로 사용되었으나, 피부에 손상을 주어 최근에는 화장품의 원료로 다른 화학제품이 대체되어 사용되고 있다. 특성은 피부 표면에 내수성 피막을 형성하여 수분 증발을 억제한다. 용도는 베이스오일, 콜드크림, 헤어크림, 연고제 등에 사용한다.

❷ 파라핀(Paraffin)

양초의 원료로 고형의 탄화수소(C_{26}~C_{35})이고, 특성은 불활성이고 성질이 변하지 않고 냄새도 변하지 않으면서 유화가 잘 된다. 용도는 바셀린, 립스틱, 치크, 왁스, 합성에스테르 등에 사용한다.

❸ 바셀린(Vaseline)

석유에서 얻은 포화 탄화수소류의 혼합물을 정제한 것으로 황색 바셀린과 이것을 더욱 탈색한 백색 바셀린이 있다. 백색~황색의 비결정질 연고성 물질로 무미, 무취. 에테르, 석유, 벤젠, 유류에는 녹지만, 에탄올에는 녹기 어려우며 물에는 불용이다. 특성은 중성으로 자극성은 없고, 조도가 일정하며, 산패하는 경우도 없으므로 대다수의 약품과 배합해서 얻기 때문에 연고기제, 각종 크림, 립스틱, 크림, 루즈, 보습제 등으로 사용하고 표재성으로 튼 곳에 보호제로도 이용된다.

❹ 세레신(Ceresin)

오조케라이트를 가열해 용융하여 수분이나 고형물을 제거하고 필요하면 황산 또는 발연 황산으로 처리한 후 골탄, 활성탄, 실리카 겔 등으로 탈색하여 얻는다. 다른 방법은 오조케라이트를 리그로인에 용융하고 활성 백토로 정제한 후 증류해서 끓는점이 높은 부분을 취한다. 피부를 유연하게 하고 보호 효과가 있다. 각종 용제에 녹으며 용도는 화장품, 피부 치료제, 유아제품, 선크림 성분 방향제, 광택제, 구두약, 양초, 향장품 등의 원료로 사용한다.

그림 3.27 Ceresin 물질과 분자구조식.

❺ 마이크로크리스탈린 왁스(Microcrystalline wax)

바셀린에서 고형 물질을 분리하고 얻은 무정형의 비결정질로 이소파라핀이 주성분이다. 특성은 기름과 잘 섞이고 비결정질이며 가열 점착성이 좋아서 다른 왁스와 혼합 시 결정 성장을 억제한다. 용도는 유화안정제, 점도증가제, 립스틱, 크림 등에 사용한다.

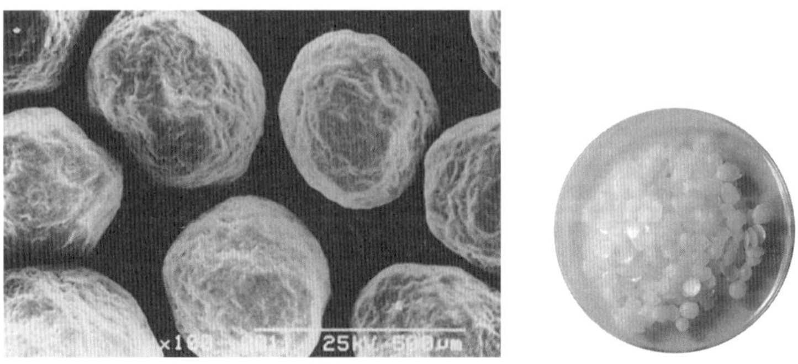

그림 3.28 Microcrystalline wax.

❻ 스쿠알렌(Squalene)

상어의 간유 중에서 추출하여 수소 환원반응으로 얻고 성분은 2, 6, 10, 15, 19, 23-hexa methyltetracosane으로 트리테르페노이드계(triterpenoid)의 불포화 탄화수소(이중결합 6개)이다. 쌀겨, 맥아에 함유하고 피지의 성분이다. 특성은 화학적으로 활성이 없고 안정성이 높아서 황산화 작용을 하고, 피부에 침투성이 좋아서 유화하기 쉬운 화장품의 원료이다. 용도는 각종 크림, 유액, 립스틱, 마스카라, 헤어크림, 아이크림, 베이비오일, 파운데이션크림 등에 많이 사용한다.

그림 3.29 스쿠알렌(Squalene).

❼ 폴리에틸렌 파우더(Polyethylene powder)

에틸렌 중합반응으로 얻고 특성은 화학적으로 매우 안정한 고분자파라핀이다. 용도는 크림의 증점제, 유화안정제, 화장수의 현탁제, 샴푸, 린스, 필링(peeling)의 스크럽제 등에 사용한다.

❽ 프리스탄(Pristane)

상어의 간유에서 얻은 분자형 포화탄화수소로 함유하고 있는 성분은 2, 6, 10, 14-tetramethyl pentadecane이고, 특성은 피부를 매끄럽게 하며 피부에 유분기를 공급한다. 용도는 피부 컨디셔닝제, 클렌징 크림, 수분증발차단제 등에 사용한다.

4) 기타 원료(에스테르)

에스테르를 원료로 많이 사용하는 것은 유성 원료와 균일하게 잘 용해되며 피부에 유연성을 주고, 피부에 도포 후 장시간 경과해도 안정하다. 또한 생리적으로 무해하고 피부에 자극이 없어서 많이 사용한다.

❶ 고급지방산과 저급알코올의 에스테르
 이소프로필 에테르 이소프로필 팔미테이트 등이 있다.

❷ 고급지방산과 고급알코올의 에스테르

❸ 2-옥틸 데카놀(2-Octyl decanol)
 2-옥틸데도실 올레이트(2-octyldodecyl oleate ODD)가 있다.

5) 고분자물질

(1) 점증제 고분자(Thickening agent, 점도첨가제)

화장품을 사용할 때 감촉에 큰 영향을 주며, 제품의 안정성을 유지할 경우에 점도를 조절하는 데 사용한다. 수용성 고분자로는 천연고분자, 반합성 고분자, 합성고분자 등으로 분류한다.

❶ 천연고분자

A. 식물류(다당류)
구아검, 로카스트빈검, 퀸스시드, 카라기난, 가락탄, 아라비아검, 트라칸트검, 펙틴, 전분

B. 미생물류(다당류)
산탄검, 덱스트란, 카드란, 하아론산

C. 동물류(단백질)
젤라틴(gelatin), 카세인(casein), 알부민(albumin), 콜라겐(collagen)

❷ 반합성고분자

A. 셀룰로스류
메틸셀룰로스, 에틸셀룰로스, 히드록시에틸셀룰로스, 카르복시메틸셀룰로스, 메틸히드록시프로필셀룰로스

B. 전분류
전분, 메틸전분

C. 알긴산류
알긴산프로필렌글리콜에스테르, 알긴산염

❸ 합성고분자

A. 비닐류
폴리비닐피롤리돈, 폴리비닐메틸에테르, 카르복시비닐폴리머

B. 기타
폴리에틸렌옥사이드, 에틸렌옥사이드

(2) 피막제 고분자(Film former)

지방이 산화피막을 형성하듯이 피막을 형성할 수 있는 원료를 제품에 혼합하여 화장품을 도포하였을 때, 피부에 피막을 돕는 물질로 용해성이 중요하므로 물이나 알코올에 용해하는 원료, 수성에 에멀션인 원료, 비수용성인 것으로 구분한다. 팩의 피막 형성은 폴리비닐알코올 수용액에서 물의 증발을 이용하고, 헤어스프레이의 피막 형성은 물이나 알코올에 고분자의 용해성을 이용하여 피막에 의해 모발을 세트시킨다. 아이라이너와 마스카라는 수성 고분자 에멀션이 혼합되어 형성된 내수성 피막 때문에 땀이나 눈물에 의해 화장이 지워지는 것을 막아준다. 선오일 또는 액체 파운데이션은 효과의 지속과 화장의 효과를 높이기 위해 피막을 형성하는 실리콘 레진을 사용한다. 성분으로는 폴리비닐 알코올, 폴리비닐 피롤리돈, 니트로 셀룰로스, 고분자실리콘 등이 있다.

6) 분말원료

분말 원료로 사용하는 종류와 구분을 물질의 주성분과 특징을 이해하고, 기능에 따라 사용하는 화장품을 알아본다.

(1) 산화아연(Zink oxide)

이 물질의 특성은 부드러운 백색의 부정형 분말이고 화장품에서는 전분과 섞은 아연화 전분으로 사용한다. 기능과 용도는 피부를 보호하고 수분이나 피지를 흡수하여 피부의 열을 낮추는 작용이 하고 수렴작용, 살균력, 자외선을 산란시키는 성질이 있어서 크림, 피부용 팩, 연고의 기제로 이용한다.

(2) 산화티타늄(Titanium oxide)

이 물질의 특성은 부드러운 백색의 분말(TiO_2)이다. 기능과 용도는 화장품에서 피복력이 좋고 착색이 잘 되며 흡착이 우수하여 파운데이션, 자외선 차단제로 이용한다.

(3) 카오린(Kaolin)

이 물질의 특성은 천연으로 생산되는 함수규산 알루미늄, 백색 또는 유백색의 분말이고 약간 점토 같은 냄새가 있으며 물 및 조직액에 용해하지 않는 분말이다. 기능과 용도는 상피박탈제, 창상면, 습진과 같은 피부질환에 산포해서 피부를 외부의 자극으로부터 보호하고 침출액을 흡착해 건조, 결가를 촉진하는 흡착제로 이용된다. 수렴, 소염, 지혈, 방부 효과도 볼 수 있다.

(4) 마이카(Mica)

이 물질의 특성은 백운모의 세라사이트를 화장품에서는 주로 사용하고 운모티타늄이 많다. 기능과 용도는 산화티타늄의 두께로 다양한 색상 조절이 가능하므로 메이크업 제품의 펄 광택제로 많이 사용한다.

3. 유화제

유화제의 역할은 유성재료와 수성재료가 잘 섞이도록 하는 중매제이다. 유화제의 종류는 대단히 많지만 천연 화장품에 많이 사용되는 유화제는 몇 가지로 정해져 있다. 친수성계통의 유화제는 폴리소르베이트80(polysorbate 트윈80, HLB 15), 세티아레스20(ceteareth HLB 15.2)인 지방알코올의 혼합물이 있고, 친유성계통의 유화제는 글리세릴스테아레이트(glyceryl stearate; HLB 3.8), 솔비탄올레이트(sorbitan oleate HLB 4.3), 레시틴(lecithin; HLB 9.7) 등이 있다. 단일유화제는 올리브유화왁스(olivate HLB 약 9.0), 에멀시파잉왁스(emulsifying wax; HLB 약 10.0), 몬타노브202(montanov wax; HLB 약 8.3) 등이 존재한다.

HLB: Hydrophile-lipophile Balance

= (친수성기)/(전체 분자량) × 20

= (계면활성제분자량)/(지방산 + 계면활성제분자량) × 20

계면활성제의 친수성 부분과 친유성 부분의 비, 즉 친수성과 친유성 물질의 혼합물의 균형을 이룬다는 말로 그 수치가 클수록 친수성이 크다. 계면활성제의 HLB가 작은 것부터 차례로 소포제, 드라이클리닝 첨가제, 유화제 등으로 사용되며, 적당한 밸런스의 것이 세정용에 적합하고, HLB가 커질수록 정련제, 목욕용, 샴푸용 등으로 사용된다.

HLB 눈금에 의하면 이 값이 8~18인 계면활성제를 사용하면 **수중 유형(o/w형: oil-in-water)의 에멀션**이 생기기 쉽고, 3~6에서는 **유중 수형(w/o형: water-in-oil)의 에멀션**이 생기기 쉽다. 단일 유화제는 HLB 시스템까지 이용하여 두 가지 이상의 유화제를 사용하는 번거로움을 없애고자 친유성과 친수성의 중간 정도의 유화제들로 만들어진 것이다. 그러나 많은 양을 만들거나 후 첨가재료가 많다면 유화를 목적으로 하는 에멀션 화장품은 항상 분리될 가능성을 가지고 있다. 이러한 유화제품의 분리를 최소화시키기 위해서는 HLB에 대한 이해가 필요하다. 참고로 우리가 흔히 유화제 또는 유화보조제로 사용하는 세틸알코올(cetyl alcohol), 스테아릴알코올(stearyl alcohol), 세토스(cetos KD) 등의 고급알코올은 HLB 시스템에서는 유화제가 아닌 유상재료로 사용한다.

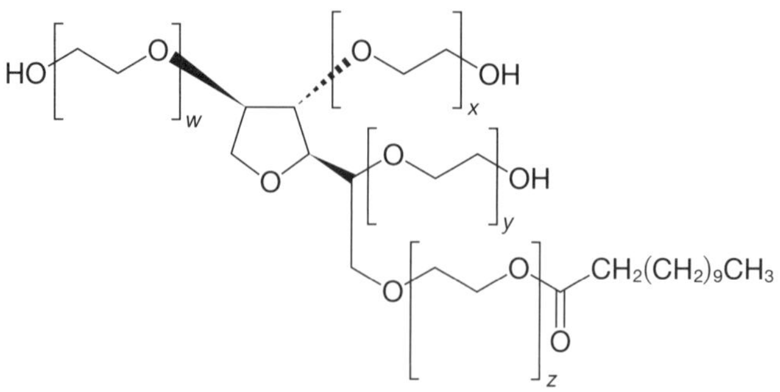

그림 3.30 Polysorbate 80.

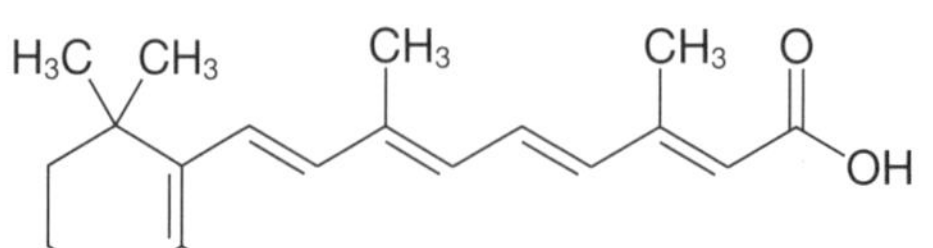

그림 3.31 Glyceryl stearate.

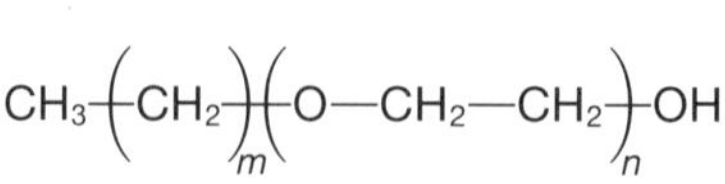

그림 3.32 Ceteareth 20.

표 3.1 천연화장품 제조에 주로 사용되는 유화제들

No	유화제	HLB 값	ΔHLB
1	Glycol Distearate	1.0	±1
2	Glycol Stearate	2.9	±1
3	Glyceryl Oleate Elaidate	3.0	±1
4	Glyceryl Stearate	3.8	±1
5	Sorbitan Oleate	4.3	±1
6	Sorbitan Olivate(olivem900)	4.7	±1
7	Sorbitan Stearate	4.7	±1
8	Oleth-2	4.9	±1
9	Steareth-2	4.9	±1
10	Glyceryl Laurate	5.2	±1
11	Glyceryl Stearate SE	5.8	±1
12	Sorbitan Stearate/Sucrose Cocoate	6.0	±1
13	Montanov wax 202	8.3	±1
14	Sodium Stearoyl Lactylate	8.3	±1
15	Sorbitan Laurate	8.6	±1
16	Cetearyl &SorbitanOlivate(olivem1000)	9.0	±1
17	Montanov wax 68	9.3	±1
18	Lecithin	9.7	±1
19	Montanov wax 14	9.8	±1
20	Emulsifying wax NF	10.0	±1
21	PEG-20 Almond Glycerides	10.0	±1
22	PEG-25 Hydrogenated Castor Oil	10.8	±1
23	CetearylGlucoside	11.0	±1
24	Olive Oil PEG 7 Ester(olivem300)	11.0	±1
25	Polysorbate 85	11.0	±1
26	Cetereth-6 Olivate(olivem800)	12.0	±1
27	Oleth-20	12.4	±1
28	Ceteth-10	12.9	±1
29	PEG-8 Laurate	13.0	±1
30	Polysorbate 60	14.9	±1
31	PEG-60 Almond Glycerides	15.0	±1
32	Polysorbate 80	15.0	±1
33	Ceteareth-20(polyethylene Glycol ethyl)	15.2	±1
34	Oleth-20	15.3	±1
35	Steareth-21	15.5	±1
36	Ceteth-20	15.7	±1
37	Isoceteth-20	15.7	±1
38	Polysorbate 20	15.7	±1
39	Laureth-23	16.9	±1

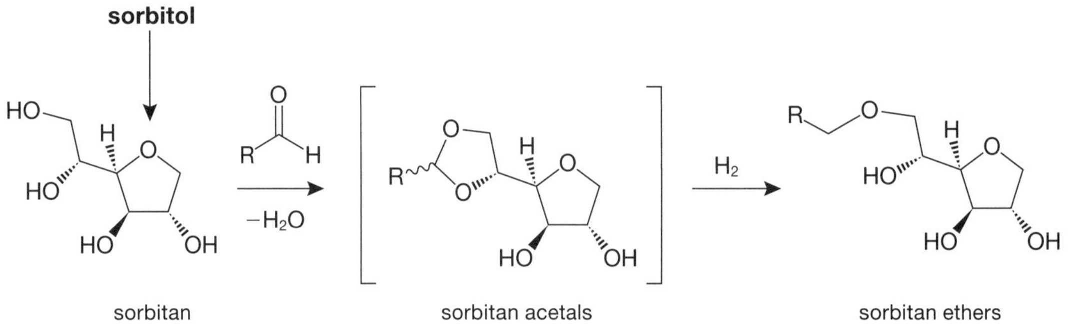

그림 3.33 Sorbitan oleate.

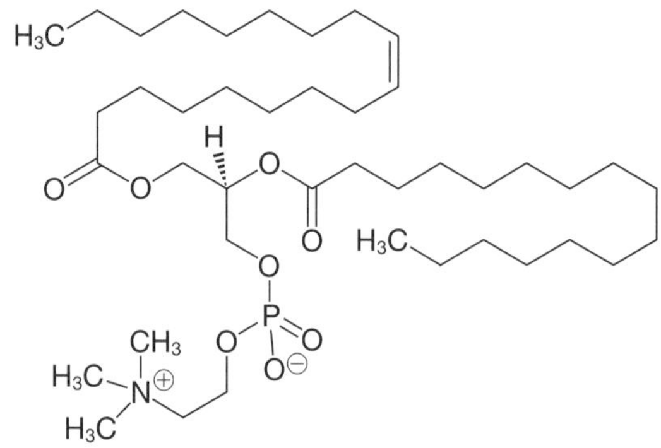

그림 3.34 Lecithin.

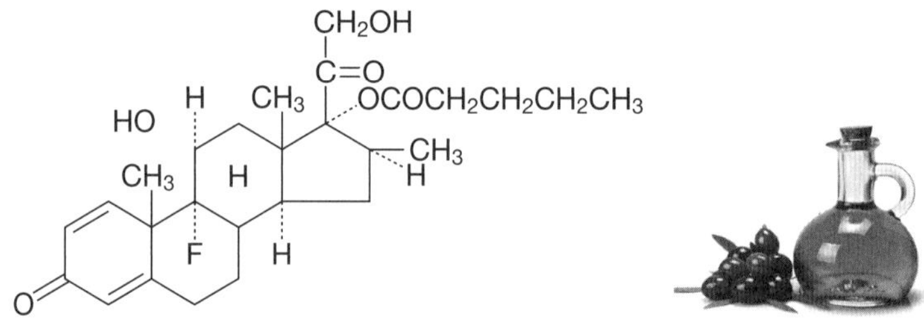

그림 3.35 OLIVATE.

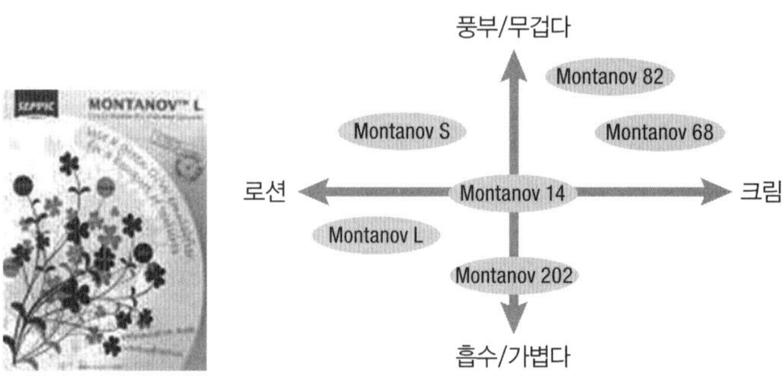

그림 3.36 Montanov wax.

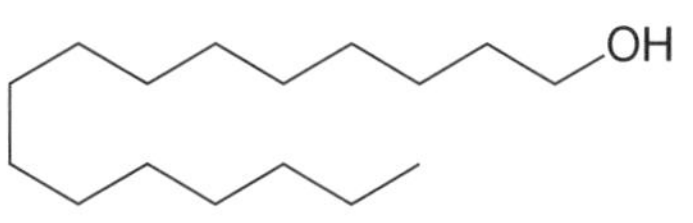

그림 3.37 Cetyl alcohol.

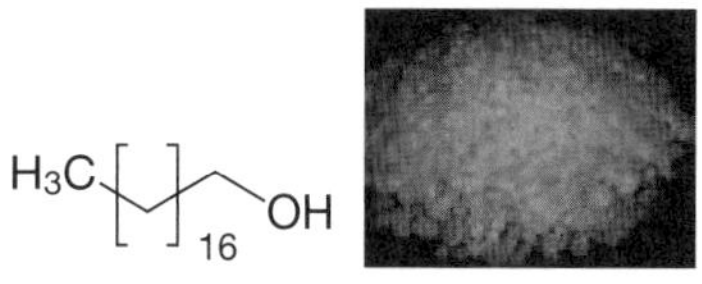

그림 3.38 Cetos.

4. 기타 첨가제

계면활성제 햇빛을 차단하는 자외선 차단제, 사용하기 좋은 질감을 높이는 점도 조절제, 각질 제거제 등을 섞는다.

5. 화장품 품질유지 원료(보존제, 방부제, 산화 방지제)

제품은 산패나 부패 현상이 진행된다. 그래서 세균을 없애고 번식과 증식을 방지하거나 부패가 일어나는 반응속도를 느리게 하는 물질인 방부제를 첨가해야 한다. 보통의 화장품에는 파라벤, 이미다졸리디닐우레아, 페녹시에탄올, 이소치아졸리논 등이 이용된다. 천연 방부제로는 자몽씨 추출물, 로즈방부제, 기타 한방 방부제 등을 이용한다. 산화반응을 억제하는 물질로는 BHT(dibutyl hydroxy toluene), BHA(butyl hydroxy anisole), 하이드로 퀴논, 솔비트 등의 물질을 사용하고 천연 산화 방지제는 비타민(유상), 로즈마리 추출물(수상), 녹차추출물(수상), 베타글루칸(수상) 등을 이용한다.

6. 기능성 성분 원료

피부의 항상성을 높이기 위해 사용하는 성분이다.

1) 스킨케어 성분

(1) 면역성과 항염증제

스테로이드계 약제의 작용 기구로서는 세포핵에 작용하여 항염증성 단백질을 합성시킨 후에 작용하며 아스피린이나 인도메타신 등의 비스테로이드 약제는 아라키톤산에서 프로스타글라딘 합성 초기에 작용하는 고리화 산화효소의 활성을 저해하여 프로스타글라딘 생성을 억제한다.

❶ 비타민(Vitamin A)

간, 알, 우유 등에 많이 존재하며, 레티놀, 레티날, 비타민산(레티노익액시드)의 성분이고 시력 정상화, 여드름 치료의 원료로 이용된다.

❷ 홍조류 가수분해물질(Red seaweed)

다당류를 효소로 가수분해한 물질로 면역 부활 작용, 피부노화 방지 등에 사용한다.

❸ 아스코르빌 인산마그네슘(Ascorbyl magnesiumphosphate)

비타민 C로부터 활성화된 물질로 **콜라겐합성 촉진, 황산화작용, 미백작용, 각질형성세포 생성에 도움을 준다.**

(2) 수렴제

사용하는 종류를 물질의 주성분과 특징을 이해하고, 기능에 따라 용도를 알아본다.

❶ 산화아연(Zinc oxide)

산소와 아연(아연화, 아연백)의 화합물로 백색 분말이며, 천연에서 홍아연석으로 존재한다. 연소 가열하여 제조하며 연백보다 피복력은 떨어지지만 독성이 없고 황화수소에 의하여 흑색으로 변하지 않기 때문에 백색 안료로서 중요하다. 또한 아연화연고, 아연화녹말 등의 의약품 또는 화장품의 원료로 사용된다.

❷ 탄닌산(Tannic acid)

일반적으로 이수화물의 결정이며 쓴맛을 내고 콜로이드 용액을 침전시키는 성질은 탄닌과 비슷하다. 탄닌을 가수분해하여 제조한다. 식물체에서 타닌산의 생리 기능에 대해서는 명확하지는 않지만, 단백질과 강하게 결합하는 점으로 보면 병충해에 대한 방어작용을 한다.

❸ 구연산(Citric acid)

결정물(일수염)과 무수물이 있고, 각각을 결정구연산과 무수구연산(산미료)으로 나눈다. 용도는 청량음료수, 혼성주, 캔디, 젤리, 잼, 빙과, 통조림 등의 산성조미료 및 식용유의 산패방지제(synergist)로 사용한다.

❹ 젖산(Lactic acid)

카복시기, 하이드록시기, 메틸기, 수소의 네 원자단이 결합한 비대칭 탄소원자를 가지는 유기화합물이다. L-, D-, DL- 등의 이성질체가 존재한다. 용도는 음료의 산미제 또는 주류 발효 초기의 부패 방지제로 사용한다.

(3) 청량화제

사용하는 종류를 물질의 주성분과 특징을 이해하고 기능에 따라 용도를 알아본다.

❶ 멘톨(Menthol)

천연으로는 좌회전성인 L-멘톨이 박하유의 주성분으로 독특한 상쾌감이 있는 냄새가 나는 무색의 바늘 모양 결정이다. 특성과 용도는 물에는 불용이고, 에탄올, 에테르, 클로로폼에는 잘 녹는다. 많은 양을 입에 넣으면 혀를 찌르는 듯 한 느낌이 있으나, 소량일 때에는 청량감을 가지며, 의약품, 과자, 화장품 등에 첨가제 또는 진통제나 가려움증 억제제로 사용한다.

❷ 자일리톨(Xylitol)

산을 형성하지 않는 천연 재료의 새로운 감미료이다. 핀란드에서 발견한 것으로, 자작나무나 떡갈나무 등의 수목에서 채취되는 성분이다. 특성과 용도에서 충치는 치아에서 당을 분해할 때 생기는 산이 에나멜질을 녹이는 작용을 억제한다. 인슐린 분비를 촉진하는데 인슐린작용을 억제하지 않고 세포에 들어가 혈당에는 영향을 미치지 않는 등의 특성이 있기 때문에 의료용으로 당뇨병 환자에게 포도당 대용으로 에너지 보급 목적으로 사용한다.

❸ 소르비톨(Sorbitol)

포도당의 환원기 대신에 알코올 기를 갖는 당알코올의 일종으로 저정낭 속에서는 ADPH에 의한 포도당의 효소적 환원에 의해 생성되어 재산화를 하여 과당으로 변화한다. 특성 및 용도는 D-소르비톨이 세균에서는 활발한 대사 작용을 한다. 동물에서의 생리적 역할은 제한하며, 기아 상태의 동물의 경우에는 글리코겐 합성의 재료가 된다.

(4) 비타민(Vitamin A, B, C, D, E, F, H, K, P, T, U)

사용하는 종류를 물질의 주성분과 특징을 이해하고 기능에 따라 용도를 알아본다.

❶ 비타민 A(Vitamin A, Retinol)

각종 어류의 간, 동물 간, 계란노른자, 우유, 황색야채(당근) 등에 존재하는 지용성 비타민이다. 특징과 기능은 질병의 저항력을 길러주며, 지방대사에 관여하고 발육을 촉진한다. 야맹증을 치료하고 피부와 머리털에 영양분을 공급하는 역할을 한다.

❷ 비타민 B(Vitamin B, Thiamine)

곡물배아, 녹색야채, 우유, 땅콩 등에 함유하고 있는 수용성 비타민이다. 특징과 기능은 항각기병, 항신경, 항노화작용, 탄수화물의 소화와 대사에 관여, 부종과 신장의 기능을 원활하게 하고, 알레르기 피부염, 자외선과 대상포진, 신경피부염에 작용을 한다.

❸ 비타민 D(vitamin D, Ergocalciferol)

자외선에 의한 합성, 물고기 간유, 난황, 우유, 버터, 싹튼 씨앗, 해바라기 씨앗 등에 함유되어 있는 지용성 비타민이다. 특징과 기능은 습진, 알레르기성 피부, 건선, 홍피병을 치료 개선, 부족시 근육약화, 골연화증, 골다공증에 작용한다.

❹ 비타민 E(Vitamin E, Tocopherol)

식물성 식용유, 녹색 채소, 계란, 보리배아, 면실, 콩 등에 함유되어 있고, 지용성 비타민이다. 특징과 기능은 과산화지질 생성 억제, 자외선에 의한 피부의 상처를 막아주며, 혈액순환에 의해 피부노화를 방지하는 기능을 한다.

❺ 비타민 H(Vitamin H, Biotin)

현미, 간에 많이 존재하는 수용성 비타민이다. 특징과 기능은 단백질과 지방의 대사 작용에 관여하며, 지루성 피부염, 습진, 비듬, 심장기능 장애, 빈혈, 식욕부진 등이 나타난다.

(5) 호르몬

사용하는 종류를 물질의 주성분과 특징을 이해하고 기능에 따라 용도를 알아본다.

❶ 난포호르몬(Follicle hormone)

척추동물의 난소 안에 있는 난포에서 분비되는 자성 호르몬이다. 여포 호르몬, 에스트로겐 자극호르몬으로 에스트라디올이다. 난포 호르몬의 분비는 하수체전엽의 난포자극호르몬(FSH)에 의해서 지배되고 있다. 특징과 기능은 생식기를 발육시키고 그 기능을 나타내도록 하여 제2차 또는 제3차 성징을 발달시키며 포유류에서 발정을 일으키게 하고, FSH의 분비를 억제해서 황체형성호르몬(LH)의 분비를 촉진하는 작용을 한다.

❷ 부신피질호르몬(Adrenal cortical hormone)

성분은 콜레스테롤이며 부신피질에서 분비되는 호르몬으로 부신피질자극호르몬(ACTH)에 의해 조절되고 코르티손, 하이드로코르티손, 프레드니소론 등이다. 특징과 기능은 탄수화물과 무기질 대사에 주로 관여한다. 또 단백질 대사 작용, 지질 대사 작용, 수분 조절 작용, 순환기계 조절 작용 등을 한다.

(6) 항히스타민제

피부나 점막의 부종이나 분비물의 증가로 모세혈관의 투과도를 감소시켜 그 증상을 감소시키는 작용을 하는 물질이다. 부작용은 졸음, 어지러움, 식욕 감퇴, 호흡억제, 오심, 구토, 심계항진 등이 나타날 수 있다. 자율신경과 중추신경계에도 영향을 미치기도 한다. 제1세대, 제2세대, 제3세대의 항히스타민제가 나와 있다.

❶ 염산 다이펜하이드라민(Diphenhydramine hydrochloride)

백색 무취의 결정성 분말. 물, 알코올, 클로로포름에 용해된다. 제약: 아스토신, 아미날 성분을 함유하고 있다. 특징과 기능은 피부병, 알레르기 자극에 의해서 히스타민이 생성되어 피부에 이상이 생기면 항히스타민제로서 사용한다.

❷ 말레산 클로로페닐아민(Chlorophenylamine maleate)

제약: 콘택600, 화콜, 하벤, 판콜의 성분을 가지고 있다. 특징과 기능은 히스타민을 차단해서 알레르기 반응을 감소시킨다.

❸ 말레산 카르비녹사민(carbinoxamine maleate)

백색 무취의 결정성 분말로 물, 알코올, 클로로포름에 용해. 제약: 코리투살 성분이다. 특징과 기능은 히스타민이 생체에서 일으키는 작용을 억제하는 물질, 알레르기성 질환의 비염, 두드러기 등에 유효하다.

2) 미백 성분

사용하는 종류를 물질의 주성분과 특징을 이해하고 기능에 따라 용도를 알아본다.

(1) 알부틴(Arbutin)

월귤나무에 존재하는 천연당유도체 성분으로 특징과 기능은 멜라닌 생성 억제 효과, 티로신의 산화억제 작용을 한다.

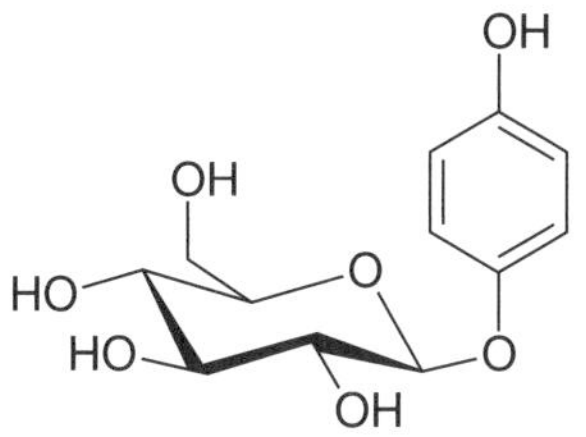

그림 3.39 알부틴(arbutin).

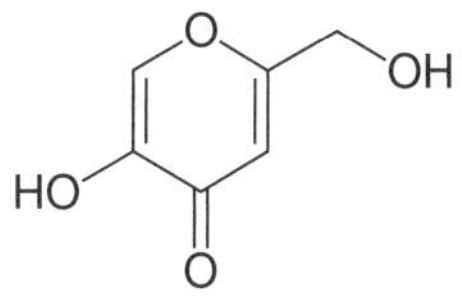

그림 3.40 코직산(kojic acid).

(2) 코직산(Kojic acid)

누룩곰팡이 발효액에서 추출한 성분으로 특징과 기능은 티로시나아제 활성 억제, 항산화작용, 암 유발 화장품의 역기능을 한다.

(3) 클라리 스킨 II(Clary skin II)

밀배아 추출 성분으로 특징과 기능은 흑화 멜라닌(eumelanin) 생성 억제, 피부의 색을 유지하는 역할을 한다.

그림 3.41 클라리세이지(Clary sage).

3) 여드름 방지 성분

(1) 피지 억제제

사용하는 종류를 물질의 주성분과 특징을 이해하고 기능에 따라 용도를 알아본다. 종류는 난포호르몬(follicle hormone)이고, 주성분은 에스트라다이올, 에스트론피지를 함유하고 있다. 특징과 기능은 분비를 억제하기 위해서 남성호르몬의 길항작용을 한다.

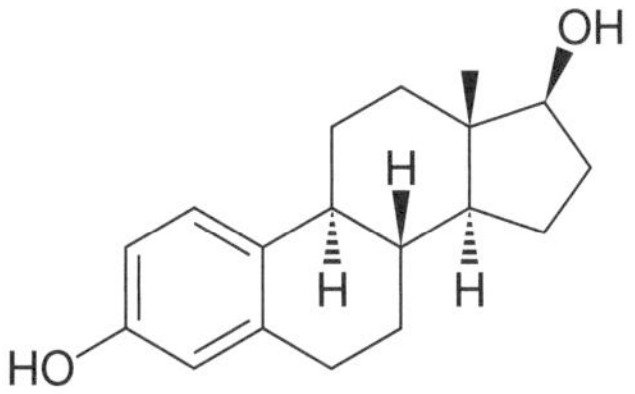

그림 3.42 에스트라다이올(estradiol).

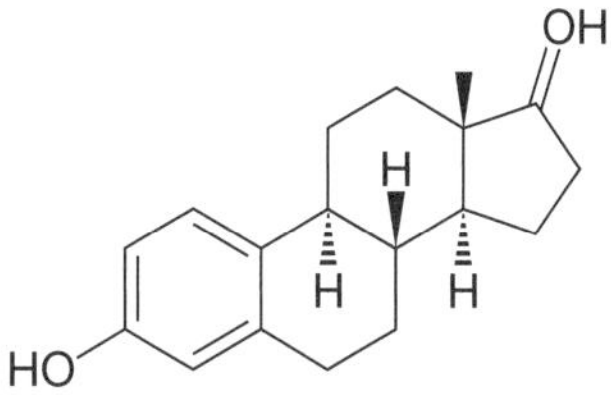

그림 3.43 에스트론(estron).

(2) 각질박리 용해제

사용하는 종류를 물질의 주성분과 특징을 이해하고, 기능에 따라 용도를 알아본다.

❶ 유황(Sulfur)

—SH 기를 갖는 아미노산과 반응, 유황은 H_2S로 변해서 각질 박리 작용을 한다.

❷ 살리실산(Salicylic acid)

가벼운 여드름에 효과적이고, 면포 형성을 방지한다.

❸ 레소르신(Resorcin)

유황과 조합으로 사용되어 각질 박리와 살균작용을 한다.

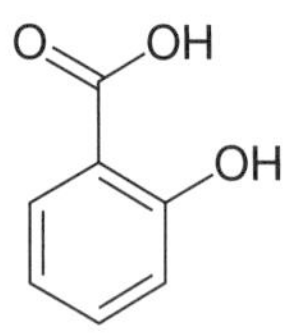

그림 3.44 Salicylic acid.

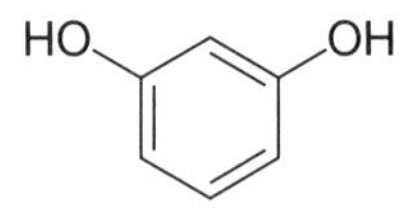

그림 3.45 Resorcin.

(3) 살균제

❶ 염화벤잘코늄(Benzalkonium chloride)

벤잘코늄 클로라이드는 4차 암모늄염에 속하는 질소 양이온 계면활성제이다. 염화 벤잘코늄은 살생제, 양이온 계면활성제 그리고 상간 이동 촉매제로 사용되고 피부소독제, 점안제, 방부제, 보존제 등에 이용한다.

❷ 할로카르반(Halocarban)

그람양성균에 효과적이고 난용성, 종별 규제가 있다.

❸ 2,4,4-트라이클로로2-하이드록시페놀

물에 불용성, 알칼리 용액 및 유기용매에 쉽게 녹음, 곰팡이보다는 일반 세균에 활성이 높다.

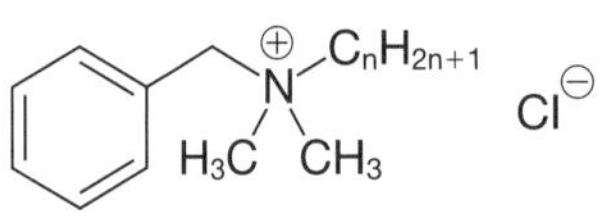

n = 8, 10, 12, 14, 16, 18

그림 3.46 Benzalkonium.

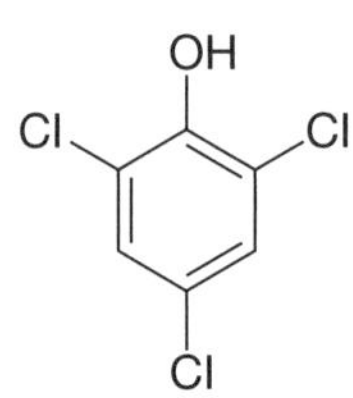

그림 3.47 2,4,4-트라이클로로-2-하이드록시페놀 chloride.

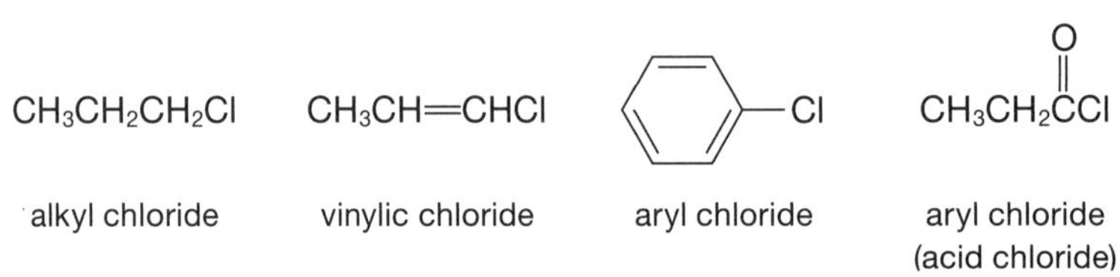

그림 3.48 할로카르반(Halocarban).

4) 비듬 가려움 방지제

❶ 상피 조직의 각화 이상

살리실산, 유황, 레소르신, 황화세린 등을 이용한다.

❷ 내분비 이상으로 피지의 과잉분비

비타민 B_6 및 그 유도체를 이용한다.

❸ 두피 세균류 이상 증식

트라이클로로 카르바닐리드와 아세트산토코페롤(tocopheryl acetate)의 혼합물을 이용한다.

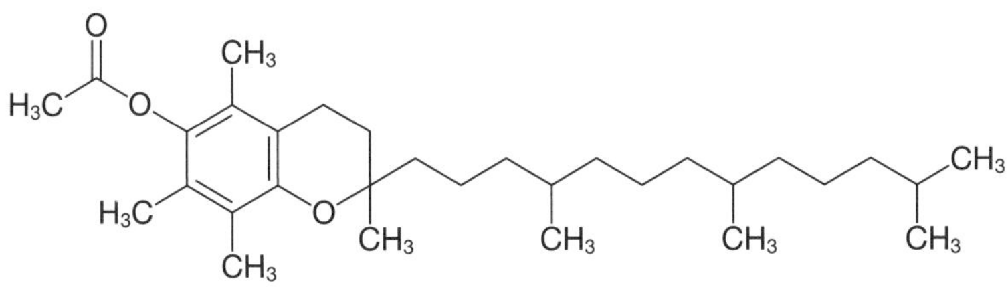

그림 3.49 Tocopheryl acetate.

7. 착색료

1) 무기안료(광물성 안료)

황색산화철, 적산화철, 흑색산화철, 산화크로뮴, 카본블랙, 군청, 감청이고, 빛과 열에 안정하다. 분이나 파운데이션, 메이크업용에 사용되며, 펄 안료는 립스틱, 네일 에나멜, 아이섀도 등 메이크업용 화장품에 사용한다.

2) 유기합성색소

콜타르의 성분으로 합성한 타르 색소, 레이크(lake), 토너(toner), 순수색소(pure pigment)이고 합성되므로 색조가 풍부, 순도가 높으며 색조가 선명하다. 착색과 피복력이 우수하고 인체에 유해할 수 있는 단점이 있다.

3) 천연색소(Natural coloring matter)

붉은색-카르타민, 황색-후라보도이드, β-카로틴, 녹색-클로로필, 키논(적, 황, 흑)-시코닌이고, 인체에 안정적이며, 색조는 선명하지만 합성색소보다 착색력이 약하다.

PERFUME and **C**OSMETICS

연습 문제

1. 화장품에서 가장 많은 비중을 차지하는 성분은 무엇인가?

2. 물속에 존재하는 오염물 중 미생물들이 많이 존재하면 수상으로 사용할 수 없다. 그 미생물들은 무엇인가?

3. 정제수를 얻기 위한 정제 방법들은 무엇인가?

4. 높은 압력으로 고농도에서 저농도로 물이 반투막을 통하여 강제로 이동시켜 순수한 물을 얻는 방법은 무엇인가?

절취선

5. 적당한 파장의 복사선을 복사시켜서 수중의 미생물을 사멸하는 살균법은 무엇인가?

6. 무색 투명한 액체가 화장품의 중요한 원료로 수렴, 청결, 살균작용, 가용화제, 건조 촉진을 하고 향료, 색소, 유기성분의 용매로 사용되는 것은 무엇인가?

7. 보습제의 조건을 설명하시오.

8. 피부에 사용하는 화장품의 성분은 보습이 매우 중요하다. 보습제의 종류를 9가지 정도 학습했는데, 5가지 이상을 기록하시오.

9. 산화에틸렌의 중합체의 무색 투명한 액체 또는 백색의 고체로 물에 불용인 물질을 용해하므로 크림, 유액, 샴푸, 린스, 두발용 제품에 사용하는 보습제는 무엇인가?

10. 제품의 굳기, 점도 유지에 사용하는 화장품의 보습 성분이며, 피부유연제로 사용하는 것은 무엇인가?

11. 화장품의 보습제로 백색 결정 분말로 비타민이나 아미노산의 안정제로 이용하고 계면활성제의 원료로 사용하는 성분은 무엇인가?

12. 화장품에서 유지의 기능과 작용으로 피부 및 모발에 ____________, ____________, ____________ 등이 있어야 한다.

13. 화장품에서 유지의 기능과 작용으로 피부에 ____________ 을 형성해서 외부의 유해물질의 침투를 억제해야 한다.

14. 불포화 지방산의 글리세라이드로 거칠고 탄력이 없는 피부를 부드럽게 하는 피부연화 작용, 각질, 건성, 지루 증세를 회복하는 피부보호 작용, 피부에 과립을 형성하는 피부 재생 작용, 자외선 흡수 작용 등을 하며, 각종 크림, 로션, 샴푸, 린스, 립스틱, 파운데이션 등에 사용하는 식물유는 무엇인가?

15. 예민한 피부와 유아 피부의 유연작용을 하고 유액, 크림, 연고 등의 베이스 아로마테라피용 베이스오일, 모유, 고지혈증 환자에게 유용, 천의 방수제로 이용하며 공기 중에 방치하면 산화되어 악취를 유발하는 식물성 오일은 무엇인가?

16. 피부면의 수분 증발 억제하고 각종 크림, 마사지 오일, 머릿기름, 계면활성제 원료로 사용하는 식물성 오일은 무엇인가?

17. 오일 속에 있는 산(omega-9)의 성분 중에서 공기 중에 방치하면 산화되어 악취를 유발하고 모유에 함유되어 아기의 성장과 발육에 도움을 주며, 고지혈증 환자에게도 유용한 성분을 가지며 천의 방수제로 사용하는 산은 무엇인가?

18. 왁스에스테르가 95% 이상이며 피부 치료 및 약용 목적으로 사용하는 피지분비 억제, 발모성장 촉진, 부작용이 가장 적어 립스틱의 원료로 좋으며 에모리엔트제의 유액, 크림의 스킨케어 제품, 립스틱, 파운데이션, 샴푸, 린스 등에 사용하는 식물성 오일은 무엇인가?

19. 인지질을 함유하는 지방오일이고 천연유화제, 생체약성분, 유화작용, 황산화작용, 발모효과 등이 있으며, 모이스처 크림, 마사지 오일, 모발용 화장품 등에 이용하는 동물성 오일은 무엇인가?

20. 피부의 점막의 자극이 없어서 피부 깊이 스며들지만 부작용은 없고, 민감성 피부의 항염증 효과, 태양열에 의한 화상, 비여드름제, 건성 피부 치료, 노화방지, 색소침착 개선, 손발톱 재생, AHA 효과 증대 등에 이용하는 동물성 오일은 무엇인가?

21. 온도차가 심하고 강우량이 없는 건조한 고온지대에서 자르는 식물을 압출 정제한 오일로 유리지방산이 함유되어 굳기 증가를 높이는 성질이 있고, 립스틱, 광택제, 방수제로 이용하는 왁스는 무엇인가?

22. 팔미틴산메리실 등의 고급지방산과 고급 1가 알코올의 에스테르로 구성하며, 성형이 쉽고 감촉이 부드러우며 융점을 높게 하므로 립스틱에 사용하고, 유화제로 콜드크림에 사용되며, 탈모왁스, 유액, 포마드 등의 유상 원료로 이용하는 왁스는 무엇인가?

절취선

23. 석유에서 얻은 포화탄화수소 혼합물을 정제한 것으로 백색~황색의 비결정질 연고성 물질로 무미, 무취이고, 에테르, 석유벤진, 유류에는 녹지만 에탄올에는 녹기 어려우며 물에는 불용인 물질로, 중성으로 자극은 없고, 조도가 일정하며, 산패하는 경우도 없으므로 대다수의 약품과 배합해서 얻기 때문에 연고기제, 각종 크림, 립스틱, 보습제 등으로 사용하고, 표재성으로 튼 곳에 보호제로 이용하는 탄화수소는 무엇인가?

24. 피부를 유연하게 하고 보호 효과가 있고, 각종 용제에 녹으며, 화장품, 피부 치료제, 유아제품, 선크림 성분, 방향제, 광택제, 구두약, 양초, 향장품 등의 원료로 사용하는 탄화수소는 무엇인가?

25. 상어의 간유 중에서 추출한 트리테르페노이드계(triterpenoid)의 불포화탄화수소(이중결합 6개)로 쌀겨, 맥아에 많이 함유하고, 피지의 성분으로 화학적 활성이 없고, 안정성이 높아서 황산화 작용을 하며, 피부에 침투성이 좋아서 유화하기 쉬운 화장품의 원료에 이용되어 각종 크림, 유액, 립스틱, 마스카라, 헤어크림, 아이크림, 베이비오일, 파운데이션, 크림 등에 많이 사용하는 탄화수소는 무엇인가?

26. 아이라이너와 마스카라는 수성 고분자 에멀션이 혼합되어 형성된 내수성 피막 때문에 땀이나 눈물에 의해 화장이 지워지는 것을 막아주며, 선오일 또는 액체 파운데이션은 효과의 지속과 화장의 효과를 높이기 위해 피막을 형성하는 실리콘 레진을 사용하고 폴리비닐 알코올, 폴리비닐 피롤리돈, 니트로 셀룰로스, 고분자실리콘 등을 이용되는 화장품의 성분은 무엇인가?

27. 피부를 보호하고 수분이나 피지를 흡수하여 피부의 열을 낮추는 작용이 하고, 수렴작용, 살균력, 자외선을 산란시키는 성질이 있어 크림, 피부용 팩, 연고의 기제로 이용하는 분말 원료는 무엇인가?

28. 상피박탈제, 창상면, 습진과 같은 피부질환에 산포해서 피부를 외부의 자극으로부터 보호하고, 침출액을 흡착해 건조 결가를 촉진하는 흡착제로서 이용되며, 수렴, 소염, 지혈, 방부 효과도 볼 수 있는 분말원료는 무엇인가?

29. HLB(hydrophile-lipophile balance)를 설명하시오.

30. 청량음료수, 혼성주, 캔디, 젤리, 잼, 빙과, 통조림 등의 산성 조미료 및 식용유의 산패방지제(synergist)로 사용되는 수렴제는 무엇인가?

31. 충치는 치아에서 당을 분해할 때 생기는 산에 의해 에나멜질이 녹는 작용을 억제하고, 이 감미료는 인슐린 분비를 촉진하는 데 인슐린작용을 억제하지 않고 세포에 들어가 혈당에는 영향을 미치지 않는 등의 특성이 있기 때문에 의료용으로 당뇨병 환자에게 포도당 대용으로 에너지 보급 목적으로 사용하는 청량화제는 무엇인가?

32. 물에는 불용이고 에탄올, 에테르, 클로로폼에는 잘 녹는다. 많은 양을 입에 넣으면 혀를 찌르는 듯 한 느낌이 있으나, 소량일 때에는 청량감을 가지며 의약품, 과자, 화장품 등에 첨가하며, 진통제나 가려움증 억제제로 사용하는 청량화제는?

절취선

33. 습진, 알레르기성 피부, 건선, 홍피병을 치료 개선하며, 부족 시 근육 약화, 골연화증, 골다공증이 발생할 수 있는 비타민은 무엇인가?

34. 멜라닌 생성 억제 효과, 티로신의 산화 억제로 사용하는 미백 성분은 무엇인가?

35. 티로시나아제 활성 억제 황산화 작용, 암 유발 화장품의 역기능에 효과적인 미백 성분은 무엇인가?

36. 가벼운 여드름에 효과적이고 면포 형성을 방지에 효과적인 각질박리 용해제는 무엇인가?

37. 상피조직의 각화 이상에 사용하는 비듬 가려움 방지제의 성분은 무엇인가?

38. 두피 세균류 이상증식에 사용하는 비듬 가려움 방지제의 성분은 무엇인가?

제4장

잘 섞는 원리 및 방부의 효력

화장품은 유효기간이 있는데 이것은 화장품의 조성과 부패가 일어날 수 있음을 이해하고 사용해야 한다. 그러므로 수상과 유상이 잘 혼합되도록 하는 유화제 그리고 많은 이유로 부패를 방지하는 방부제에 대하여 알아보고자 한다.

1. 계면활성제

1) 계면활성제의 구조에 따른 특성

성질이 다른 두 가지 물질이 서로 접하고 있는 경계면으로 액체와 액체 액체와 기체, 액체와 고체, 고체와 고체 사이에도 존재한다. 계면활성제는 독특한 화학구조를 가지고 있다. 분자의 한쪽에 물과 친화력이 높은 친수기성가 있고 다른 한쪽에는 기름과 친화력이 높은 친유성기를 가지고 있다. 대표적인 계면활성제가 비누이다.

계면활성제는 동물과 식물의 조직 및 세포에 존재하며, 균일혼합물과 불균일 혼합물로 이루어져 화장품을 균일하게 잘 섞이도록 하는 활성물질이다.

계면활성제의 일반적인 분자구조는 그림 4.1과 같이 친수성기(hydrophilic group)과 친유성기(lipophilic group)를 가진다.

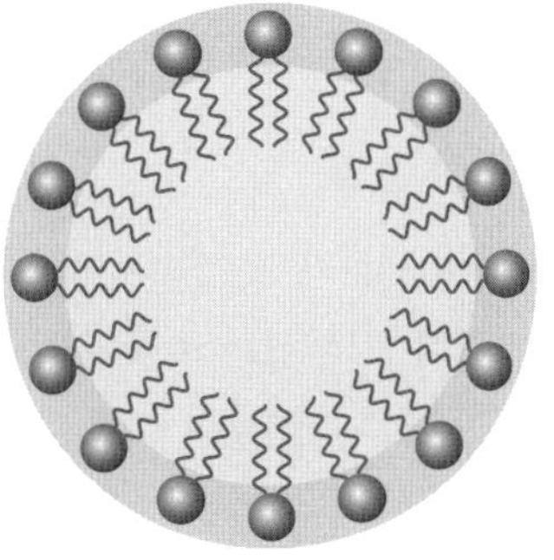

그림 4.1 계면활성제의 모습.

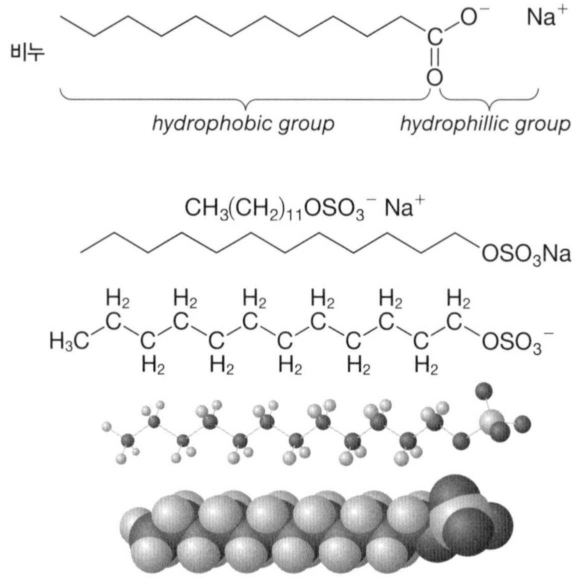

그림 4.2 계면활성제인 비누(soap, 지방산)의 친수성과 친유성의 부분으로 구분.

2) 계면활성제의 열역학적 특성

용액 표면에서 강한 표면 활성을 나타내거나 용액 내부에 있어서 임계미셀 농도 이상에서 미셀콜로이드를 형성하는 물질, 즉 친수성과 친유성 곧 친용매성과의 밸런스에 의하여 두 개의 상 경계면에 잘 흡착되고, 경계면의 자유 에너지를 많이 낮추는 작용이 분자구조 안에서 분자의 전기 2중 극자의 움직임에 큰 영향을 주어 극성기에 거의 영향을 주지 않는 비극성기가 하나씩 들어 있어서 극성기가 친수성기로 작용하기 때문에 활성제의 분자 또는 이온이 경계면에서 방향 배위를 정하여 흡착층을 형성하고 열역학적으로 안정한 평형상태를 유지한다고 볼 수 있다. 물과 기름의 유대관계를 맺어주는 화합물의 하나로 분자 속에 친유성의 원자단과 친수성 원자단이 있어서 물에 친화성이 있으므로 그 정도에 의하여 물에 가용성인 것도 있고 난용성인 것도 있다. 가용성의 것은 세제, 침투제, 습윤제로서 사용된다. 예로 비누는 알코올의 계면활성제이다.

3) 계면활성제의 구조와 분류

계면활성제의 일반적인 분자구조는 친수성기(hydrophilic group)와 친유성기(lipophilic group)를 가진다. 친수성의 성질을 가지는 이온은 —COONa, —OSO_3Na, NH_3 등을 볼 수 있고, 친유성은 대부분이 탄화수소로 탄소수가 8개 이상인 것으로 보인다.

4) 계면활성제의 분류

물에 용해되는지의 여부로 분류를 하였다.

(1) 양이온성 계면활성제(Cationic surfactant)

물에 이온화되어 양이온 부분이 계면활성의 성질을 나타내는 물질이다.

(2) 음이온성 계면활성제(Anionic surfactant)

물에 이온화되어 음이온 부분이 계면활성의 성질을 나타내는 물질이다.

(3) 양쪽성 계면활성제(Amphoteric surfactant)

물에 이온화되어 양이온과 음이온을 각각 1개 이상 가지면서 동시에 계면활성의 성질을 나타내는 물질이다.

(4) 비이온성 계면활성제(nonionic surfactant)

분자가 이온화되지 않고 특별한 작용기가 계면활성의 성질을 나타내는 물질 —OH(hydroxide), —O—(ether), —CONH—(산성 amide), —COOR(ester) 등이 있다.

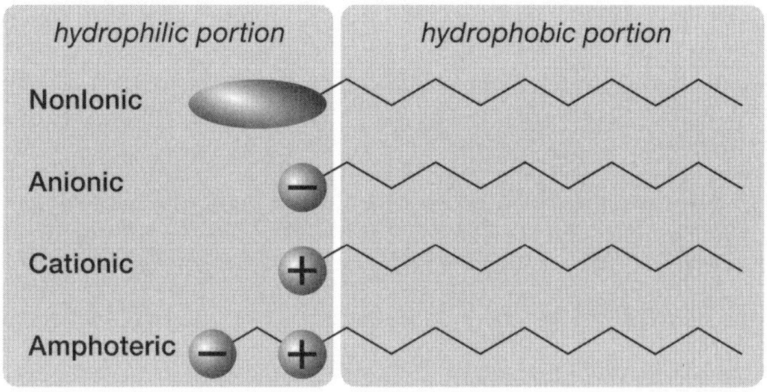

그림 4.3 계면활성제의 종류.

5) 계면활성제를 대전성에 따른 분류

(1) 양이온성 계면활성제(Cationic surfactant)

물에 녹아서 양이온(cation)으로 해리하는 물질로 유화, 가용화 작용을 하고 또 세정과 살균작용을 동시에 이루어 정전기 발생을 억제하는 작용이 있어서 모발의 유연성과 부드러움을 주므로 헤어 린스, 트리트민트제로 사용한다. 대표 활성제는 염화벤잘코늄(benzalkonium chloride), 알킬트리메틸암모늄 클로라이드(Alkyltrimethyl ammonium chloride, [R—N(CH_3C)$_3$]Cl), 디알킬디메틸암모늄 클로라이드(Dialkyldimethyl ammonium chloride, [R—N(CH_3)$_2$]Cl)을 사용한다.

(2) 음이온성 계면활성제(Anionic surfactant)

물에 녹아서 음이온(anion)으로 해리하는 소수기가 탄소만의 사슬로 되어 있고, 세정력과 기포가 많이 형성되므로 비누, 샴푸, 크림 등에 사용한다. 활성제는 SLS(sodium lauryl sulphate), 폴리옥시에틸렌 알킬에테르 셀페이트(polyoxyethylene alkyl ether sulfate)을 사용한다.

(3) 양쪽성 계면활성제(amphoteric surfactant)

음이온성 기와 양이온성 기를 두 개 이상의 이온이 활성화된 분자이므로, pH에 따라서 작용이 다르게 나타난다. 산성에서는 양이온이 활성제 역할을 하고, 알카리성에서는 음이온이 활성제 역할을 한다. 한 쪽인 이온성 계면활성제의 단점을 보완하는 기능이 가능하다. 양이온은 세정과 살균 작용을 하고 음이온은 세정력과 기포가 많이 형성되므로 피부의 자극이 적어서 유아용, 자극이 적은 샴푸에 사용한다. 알킬디메틸아미노초산베타인(alkyldimethylamino-acetic betaine), 알킬아미도프로필디메틸아미노초산베타인(alkylamidopropyldimethyl-amino acetic betaine), 2-알킬-N-카르복시메틸-N-히드록시에틸이미다졸리니움(2-carboxylmethyl-N-hydroxy ethylimidazolium)을 사용한다.

(4) 비이온성 계면활성제(Nonionic surfactant)

분자가 이온화되지 않고 특별한 작용기, 즉 수산기(—OH), 아마이드(—CONH—), 에스테르(—COOR) 등이 분자 내에 존재하여 활성제 역할을 한다. 계면활성제 중에서 가장 자극이 적어 기초화장품의 가용화제, 크림의 유화제, 클렌징 크림의 세정제로 많이 이용된다.

폴리옥시 에틸렌형(polyoxyethylene type), 다가알코올류 에스테르형(polyhydric alcohol ester type)에는 글리세린, 트리메치롤 프로판 펜타 에리트리톨, 솔비탄, 솔비톨, 폴리글리세린 등이 있고 에틸렌옥사이드(ethylene oxide), 프로필렌 옥사이드(propylene oxide)는 분자량이 크고 피부자극이 작은 것이 특징이다. 비이온성 천연계면활성제에는 대두레시틴, 난황레시틴, 라놀린(lanoline), 콜레스테롤(cholesterol), 사포닌(saponin), 타우린(taurine) 등을 사용한다.

6) 계면활성제의 성질

에멀션(emulsion)은 물과 기름과 같이 서로 섞일 수 없는 액체들이 분산된 상태이다. 보통 한 종류의 액체가 작은 입자로 다른 종류의 액체 내에 분산되어 있는 상태가 에멀션이다. 에멀션 액체가 뿌옇게 혹은 불투명한 흰색으로 보이는 것은 작은 액체 입자로 인해서 빛이 산란되기 때문이다. 분산된 작은 입자들이 안정이 되어 에멀션 상태를 오래 유지하기 위해서는 제3의 물질을 첨가하는데, 그것이 바로 계면활성제이다. 우유도 물에 지방과 지질 단백질이 잘 분산된 에멀션 상태이지만 자연산 계면활성제(레시틴(lecithin))가 들어 있어서 오랫동안 그 상태를 유지하고 있는 것이다. 서로 잘 섞이지 않는 물질들의 계면에 흡착되어 계면 자유 에너지를 낮추어 줌으로써 유화, 가용화 분산, 세정, 대전방지 등의 다양한 기능을 나타낸다.

(1) 흡착(Adsorption)

계면활성제 분자가 물 표면으로 이동해서 소수기는 외부로 향하고 친수기는 물의 내부로 향하는 방향성을 갖는다. 소수기와 친수기를 동시에 가지므로 수용액 내부보다는 표면에 모이게 되는 현상을 나타낸다. 계면활성제의 농도 증가는 표면으로의 흡착이 증가하게 된다.

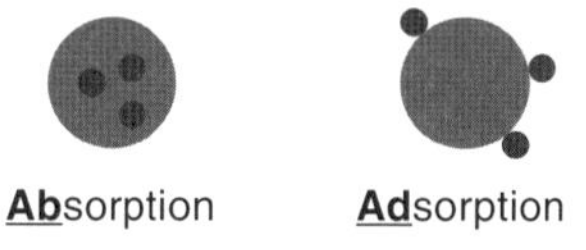

그림 4.4 흡수(absorption)와 흡착(adsorption)의 비교.

(2) 마이셀(Micelle)

계면활성제가 물에 용해(dissociation) 시 농도에 따라서 분자배열 상태가 변화된다. 즉 저 농도에서는 단일 분자로 물속에 분산되거나 표면의 경계 면에 흡착이 된다. 농도를 증가시키면 경계면에 포화 상태가 되어 분자들끼리 회합이 일어나 마이셀(micelle)을 형성하게 된다. 마이셀이 형성되는 농도를 임계마이셀 농도라 하며, 이 때 용액의 물리적인 성질이 큰 변화를 가져와서 표면 장력이 더 이상 감소하지 않는다. 마이셀의 형성으로 가용화 현상에 의한 물에 용해되지 않은 유성물질의 용해도가 증가하게 된다.

(3) 크라프트점(Kraft point)

물에 대한 이온성 계면활성제의 용해도가 대단히 상승하는 온도를 나타낸다. 마이셀이 형성되는 온도를 나타낸다.

(4) HLB(Hydrophile-lipophile balance)

계면활성제의 분자 속에 있는 친수기와 소수기의 상대적인 세기에 따라서 분자의 성질이 친수성 또는 소수성을 나타내는 지수이다. 1949년 W. C. Griffin은 유화실험의 경험으로 비이온성 계면활성제에서 친수성기와 소수기의 **세기 비**(ratio)에 따라서 전체가 친수성 및 소수성의 세기를 나타낸 것이다. HLB 값은 친수성이 최대인 값이 20에서 소수성이 최대인 값이 0으로 나타내어 그 사이의 값으로 표시한다. 현재는 20 이상인 것도 존재한다.

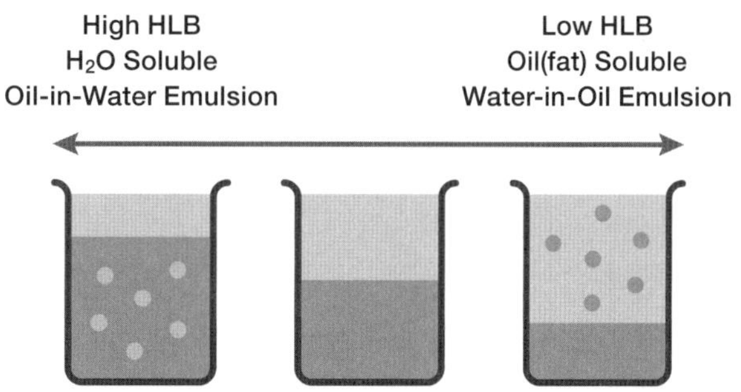

그림 4.5 O/W형과 W/O형 혼합된 모습들 비교.

7) 계면활성제의 작용방법

(1) 유화(Emulsification)

두 개의 섞이지 않는 액체를 강력히 혼합하여 한 개의 액체가 아주 작은 방울 상태로 안정하게 다른 액체에 분산되어 에멀션(emulsion)을 형성하게 하는 방법으로 미세한 구형의 입자로 분산되어 있는 액체가 분산상이고 다른 액체를 분산매라 한다.

우유와 같이 기름이 물속에 미립자로 분산되어 있는 형태를 O/W에멀션(oil-in-water emulsion)이며, 기름은 분산상이고, 물은 분산매이다. 또한 반대로 기름 속에 물이 미립자 형태로 분산되어 있는 형태를 W/O에멀션(water-in-oil emulsion)으로 버터, 마가린 등은 W/O 에멀션 대표 제품이다. 에멀션화액 중에는 미세한 입자가 분산되어 있으므로 그 경계 면적은 매우 크다. 이 상태에서 두 액체의 응집력의 차인 계면장력으로 인하여 경계면에서 자유 에너지가 매우 커지면서 이 에너지는 경계 면적이 작아지도록 경계면을 수축시킨다. 따라서 에멀션에서 분산상은 단위 부피당 면적이 가장 작은 구형의 입자를 형성하고 입자들이 응집하여 더욱 표면적이 작아지려는 경향을 가진다.

이 현상에 의해 에멀션은 파괴되며 결국 두 액체로 분리된다. 계면장력이 클수록 에멀션을 형성하기 어렵고, 에멀션은 불안정하므로 에멀션을 안정화시키기 위해서 유화제(emulsifying agent)를 반드시 사용해야 한다. 유화제는 두 가지 기능을 가진다. 하나는 액체와 액체 사이의 계면장력을 감소시키고 다른 하나는 보호피막을 형성하여 분산상 입자의 응집을 감소시킨다. 극성(친수성)과 비극성(친유성)의 분자 구조를 가지고 있어서 이들의 평형관계의 표현을 HLB 값으로 나타낸다. HLB가 7보다 작으면 친유성이 강하다고 보고 7보다 크면 친수성이 강하다. HLB 값이 7인 경우는 평형으로 에멀션의 형성이 잘 되지 않는다. 약간 우세한 것이 좋은 유화제이다.

(2) 가용화(Solubilization)

계면활성제와 같은 물질의 존재에 의해 물에 잘 녹지 않는 물질의 열역학적으로 안정화되어 용해도가 증가하는 현상이다. 유용성 비타민이나 호르몬 등을 가용화하여 수용성으로 바꾸거나 페놀류, 살균제와 혼용하여 효과를 증가시키는 방법과 에멀션의 중합을 촉진하는 방법 등이 널리 응용된다.

(3) 분산(Dispersion)

고상의 화장품 원료 입자를 수상 또는 유상의 액체에 균일하게 섞이게 하는 것이다. 분산상(dispersed phase)을 분산매(dispersion medium)에 균일 혼합하는 것으로 분산상은 미세한 고체 입자이고, 분산매는 액체 물질이다. 여기서 혼합물을 안정화하려면 분산매로 계면활성제를 사용한다. 입자의 크기에 따라서 졸(sol)과 현탁액(suspension)으로 구분한다. 사용 용도로는 립스틱, 파운데이션, 아이섀도, 네일 레커, 아이라이너 등의 색조화장품에 쓰인다.

표 4.1 유화물과 가용화물의 물리적인 특징 비교

직경	Solubilization 가용화	Emulsion 유화
크기(직경)	0.1 μm 이하	1 μm 전후
외관	투명	유백색/불투명
개수	1000배	1
표면적 유화제량	100배 많다	1 적다
Dispersion Stability	높다 100배	낮다 1
Process	Spontaneous & Mechanical	Mechanical
Protection 산화안정성	낮다	높다
Bioavailibility Anti microbial	높다	낮다

2. 콜로이드

1) 콜로이드의 정의

보통의 분자나 이온보다 크고 지름이 1~1000 nm 정도의 미립자가 기체 또는 액체 중에 분산된 상태를 콜로이드 상태라고, 콜로이드 상태로 되어 있는 전체를 **콜로이드**(colloid)라고 한다. 생물체를 구성하고 있는 물질의 대부분이 콜로이드이다. 콜로이드 입자가 분산하고 있는 것을 분산상 그것을 둘러싸고 있는 것을 분산매라고 하며 콜로이드에는 여러 종류가 있으나 분산상과 분산매의 종류에 따라 분류하면 안개나 연기처럼 기체에 액체 방울이나 고체가 분산된 **에어로졸**(aerosol), 액체 중에 액체가 분산해 있는 것을 **에멀션콜로이드**(emulsion colloid), 액체 중에 고체가 분산해 있는 것을 **서스펜션콜로이드**(suspension colloid)이라 하며, 두 경우 모두 분산해 있는 입자가 콜로이드 상태이면 콜로이드라 한다. 그림 4.6을 참조하라.

그림 4.6 (a) 균일혼합물 (homogeneous mixture), (b) 콜로이드(colloid), (c) 서스펜션(suspension).

2) 콜로이드의 분류 I

분산질의 집합 상태에 따라 다음 세 가지로 분류할 수 있다.

(1) 분자콜로이드

단백질이나 고무와 같은 고분자가 분산상이 되기 때문에 용액이지만 분자의 크기가 콜로이드 상태가 되어 있어 콜로이드의 성질을 띠게 되는 것이다.

(2) 미셀콜로이드

비누나 염료 같은 것에서 볼 수 있는 것으로 용액 중에서 분자 또는 이온이 많이 모여 회합한 상태로 콜로이드의 성질을 나타내는 것이다.

(3) 입자콜로이드

단순히 고체 미립자가 콜로이드 상태가 되어 분산하고 있는 것 등이 있다.

3) 콜로이드의 분류 II

분산상의 성질에 따라 다음 두 가지로 분류하는 경우도 있다.

(1) 친수콜로이드

분산상이 녹말, 단백질 등이 물에 대해 친화성을 가진다. 분산매가 물 이외의 액체로서 그 액체에 대해 친화성이 있으면 친수콜로이드라 한다.

(2) 소수콜로이드

분산질이 금속가루와 같이 물에 대해 친화성을 갖지 않는 것이다. 분산매가 물 이외의 액체로서 이에 대해 친화성을 갖지 않으면 소수콜로이드라 한다.

TIP 4-1

▶ **보호콜로이드**(protective colloid)

물속에 어떤 콜로이드 물질을 넣었을 때 그 물질이 물과 친한 친수성이면 가라앉지 않고 물과 어우러지지만, 물과 친하지 않은 소수성이면 서로 뭉쳐 엉김현상이 일어나 물 아래로 가라앉게 된다. 이 엉김현상을 방지하기 위해 넣어 주는 친수 콜로이드를 보호 콜로이드라고 한다.

3. 보습 재료

크림이나 로션에 사용하는 보습제(moisturizing ingredient)는 유연제, 수분차단제, 습윤제가 있고 효과적인 사용은 이들의 배합 비율을 잘 조절하는 것이 매우 중요하다. 기본적인 기능과 작용 원리를 잘 이해하여 자신에게 꼭 맞는 화장품을 사용하는 것이 중요하다.

1) 유연제

천연 식물성 오일과 버터가 유연제로 피부를 부드럽고 매끈하게 하여 탄력이 있는 피부를 가지도록 해준다. 종류가 매우 많은데 흡수가 잘되고 가벼운 느낌을 주는 밀크 시슬 오일에서부터 영양이 풍부하고 무거운 느낌을 갖는 코코넛이나 시어버터들이 있다. 또한 보리지 오일과 햄프시드 오일은 필수 지방산과 비타민이 풍부함에 비해 유연작용은 적고 건조한 느낌을 준다. 화장품을 만들 때 두 가지 이상의 서로 다른 오일을 혼합하면 기능도 향상되고 피부 촉감도 좋아진다.

2) 수분차단제

피부에 방수막을 만들어서 각질층의 수분 손실을 줄이고 촉촉한 피부에 가장 잘 작용을 한다. 코코아 버터 같은 유연제는 수분을 차단하는 특성을 가지며, 밀랍(wax)은 보호막을 만들어 바람에 의한 수분의 이탈을 막아 피부를 보호하는 역할을 한다. 또한 역기능도 있는데, 피부의 형태에 따라서 여드름을 유발하기도 하며, 피부차단제가 피부의 산소호흡을 방해하여 피부에 트러블이 생길 수 있다고 한다. 그러나 입술이나 손발에는 보호막을 만들어 주므로 효과가 높다.

3) 습윤제

글리세린, 벌꿀, 히알루론산 같은 습윤제는 보통의 보습제와는 다른 형태로 피부에 수분을 유지시켜 준다. 주위로 부터 피부에 수분을 흡수하여 세포에 수분을 공급함으로써 세포의 수분이 높아져 탱탱하도록 하고 여기에 유연제와 수분차단제 같은 재료로 수분을 보존시켜야 한다.

4. 방부제

1) 화장품의 미생물 번식 및 변성 방지제

물질의 부패를 막는 약제로 동물성 또는 식물성 유기물이 미생물의 작용에 의해 부패하는 것을 막는 것이 방부이고, 잘 보존이 되도록 방부하기 위해 첨가하는 약제가 방부제(perservative)이다. 보통 방부제는 식품과 화장품 그리고 의약품의 변성을 막고 그것을 사용하거나 보존하는 동안에 그 순도를 유지시키기 위해서 첨가하는 것으로 인체에 해가 없는 것이 필수조건이고 또 첨가로 인해 품질을 손상시키지 않아야 한다.

식품, 향장품, 의약품 등의 방부제는 우선 인체에 무해한 것이 필수조건이며 방부제의 첨가에 의해 화장품 등의 품질을 손상시키지 않아야 한다. 그래서 여러 나라에서 **식품 위생법**에 의해 식품 방부제의 종류와 그 사용 기준을 규정하고 있다. 여러 나라에서 사용이 허가되고 있는 것은 아래의 표 4.2와 같다. 또 항생 물질이 방부제로서 이용될 수가 있는데 항생물질의 활용은 인체에 유해한 결과를 초래할 우려가 있기 때문에, 특수한 경우에 대해서만 사용이 허가되어 있다. 의약품의 방부제에 대해서 몇 가지 실례를 아래의 표 4.3에 나타내었다.

표 4.2 위생법에서 허용된 방부제

구분	종류
보존료	벤조산 벤조산 나트륨 살리실산 소르브산 소르브산칼륨 소르브산나트륨 데히드로아세트산 데히드로아세트산나트륨 파라히드록시벤조산에틸 (p-히드록시벤조산에틸) p-히드록시벤조산부틸 p-히드록시벤조산프로필 메틸나프토퀴논 (2-methyl-1,4-naphthoquinone)
무기 화합물	붕산(Boric acid) 붕산나트륨 (Borax sodium borate)
살균료	클로라민 B 클로라민 T 고표백분 표백분 하이포아염소산 하이포아염소산나트륨 니트로푸라존 니트로푸릴아크릴산아미드 할라존

표 4.3 의약품의 방부제

구분	종류
점안제	파라히드록시벤조산메틸 (p-히드록시벤조산메틸) 파라히드록시벤조산에틸 (p-히드록시벤조산에틸) 파라히드록시벤조산프로필 파라히드록시벤조산부틸 티메로살 클로로부탄올 페닐질산수은 염화벤잘코늄 데히드로아세트산나트륨
수제	벤조산 파라히드록시벤조산에스테르 데히드로아세트산나트륨
주사제	비타민B1 아모바르비탈나트륨 석탄산(페놀) 티메로살(혈청) 벤조산나트륨카페인(클로로부탄올)

TIP **4-2**

▶ **염화벤잘코늄**(Benzalkonium chloride)

질소 양이온계면활성제 살생제, 상간 이동 촉매제, 피부 소독제, 방부제, 보존제, 손 세정제, 코 세정제, 점안제, 이용액(귀약), 위생 수건, 항균 수건, 바닥 청소제, 수술 도구 소독제 포진, 수포 치료제 등에 이용된다.

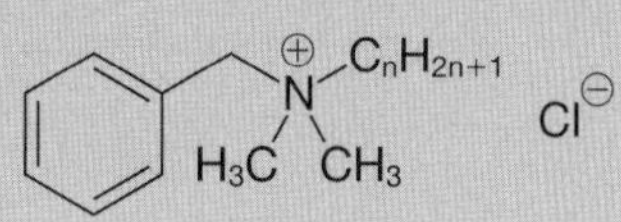

n = 8, 10, 12, 14, 16, 18

그림 4.7 염화벤잘코늄.

(1) 화장품의 변화

❶ 물리적 변화

점성의 변화, 표면장력의 변화, 색상의 변화, 향의 변화, 포장 상태의 변화 등이 있다.

❷ 화학적 변화

수성과 유성간의 상호작용, 활성이 있는 물질이 다른 성분에 의하여 비활성이 생긴 경우, 화장품을 구성하는 성분들 사이의 반응 등이 있다.

❸ 미생물에 의한 변화

HLB 시스템의 부조화, 방부제의 역할 억제 작용, 균의 작용으로 변색 등이 있다.

(2) 화장품에 존재하는 유기물

❶ 곰팡이(Molds)

균류 중에서 진균류에 속하는 미생물로 식물과 동물의 특성을 모두 지닌 다세포의 미생물로 검은색, 갈색, 초록색, 노란색, 흰색을 띠는 솜틀과 같은 균사 모양의 콜로니를 형성한다. 생리활성이 매우 강하여 유기물질을 분해를 한다. 화장품에서 나타나는 곰팡이는 penicllium Aspergilus niger, Rhlzopus, Mucor, Mucor Mucedo, Alternaria 등이 있다.

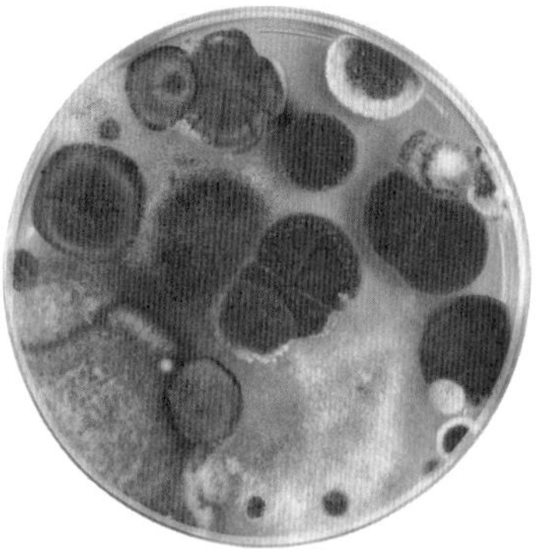

그림 4.8 곰팡이(Molds) 배양 실험 모습.

❷ 효모(Yeasts)

식물의 잎 꽃, 동물의 분비물에 존재하며, 항온 동물의 피부나 소화기에 존재하는 단세포의 유기물로 여러 가지 색소를 가지며 실온 산성에서 더 잘 번식한다. 효모는 사람에게 피부병을 유발하고 알코올 발효를 이용하여 알코올 제조에 유용하게 사용하기도 한다. 화장품의 효모는 Saccharomyces, Candida, Cryptocous 등이 있다.

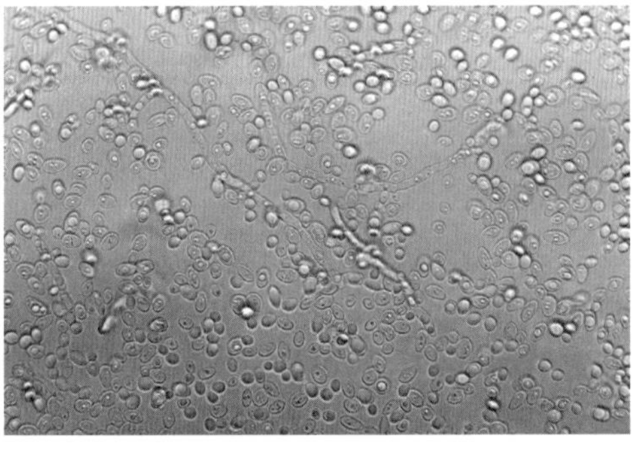

그림 4.9 효모(Yeasts) 배양 실험 모습.

❸ 박테리아(Bacteria)

항온 동물의 창자, 호흡기내, 공기, 식물, 물속에 존재하는 단세포의 유기물로 약알카리성(pH 7.2~7.6)에서 잘 성장하고 pH 변화에 민감하다. 화장품의 박테리아는 Aerobacteraerogenes, Psendomonas, Aercirosa 등이 있다.

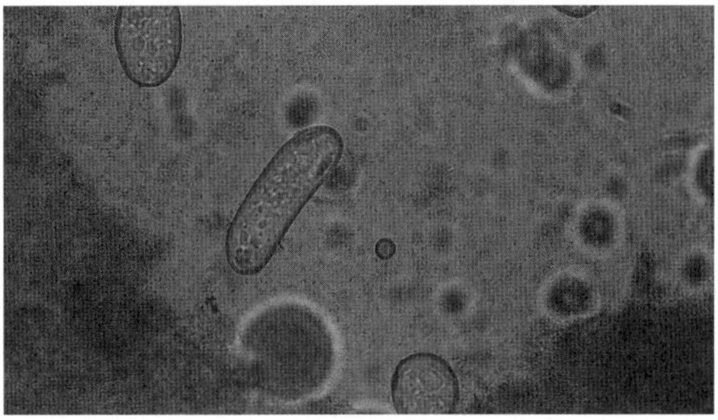

그림 4.10 박테리아(Bacteria) 모습.

2) 방부제의 작용 요소

(1) 농도(Concentration)

방부제의 농도가 높을수록 방부 효과는 상승하지만 유상과 수상 성분의 배합에 따른 용해도 감소, 독성, 화장품의 고유한 특성에 영향을 미치므로 방부제의 농도는 한계가 있다.

(2) pH(Hydrogen exponent)

방부제의 효과는 pH에 따라서 성분의 활성이 다르므로 알카리성에서 효과를 가지는 양이온 방부제가 배합성분이 안정하다면 효과가 클 것이다. 산성 방부제는 산성에서 활성이 우수할 것이다.

(3) 계면활성제(Surfactant)

비이온성 계면 활성제의 농도를 증가시키면 많은 경우 방부제의 효력이 감소한다. 반대로 양이온성 계면 활성제와 음이온성 계면활성제의 농도가 증가하면 수용액에서 방부제의 용해도가 증가하므로 방부 능력이 증가한다.

3) 방부제의 필수 요건

화장품을 부패시키는 미생물은 수상에서 활성화된 것으로 방부 효과를 높이기 위해서는 방부제를 수상재료에 배합하면 효과적이다.

❶ 다른 성분과 배합할 때 화학적 반응이 없어야 한다.

❷ 방부 효과가 지속적이고 휘발성이 없는 물질이다.

❸ 화장품을 구성하는 향, 색, 첨가제에 영향을 주지 않아야 한다.
❹ 여러 피부 유형의 피부 또는 점막에 트러블이 없어야 한다.
❻ 넓은 pH 영역에서 방부 능력이 효과를 가져야 한다.
❼ 여러 종류의 미생물에 효과를 가져야 한다.
❽ 독성이 없어야 하며 부작용이 없어야 한다.

4) 방부제의 종류

(1) 에탄올(Ethanol)

손 소독은 농도가 진하면 살균효과가 감소하므로 산에서는 15% 이하, 염기에서는 17% 이하로 사용하는 것이 좋다.

(2) 이소프로판올(Isopropanol)

15% 정도 함유한 무수물 상태에서 효과가 높다.

(3) 클로로부탄올(Chlorobutanol)

오일 용액의 방부는 5% 정도가 적당하다.

(4) 벤질알코올(Benzyl alcohol)

에탄올 및 지방오일 등에 용해하며 0.5% 정도가 살균 효과 높다.

(5) β-페닐에틸알코올(β-Phenylethyl alcohol)

장미향을 가지며 0.3% 정도가 살균 효과가 높다.

(6) 포름알데히드(Formaldehyde)

비이온성 물질에 효과적이고, 장치 소독용으로 사용하며, 샴푸에는 0.05% 정도가 살균 효과가 높다.

(7) 파라포름알데히드(Para formaldehyde)

방출이 매우 느리며, 물에 약간 녹고 에탄올에 용해되지 않는다.

(8) 헥사메틸렌테트라민(Hexamethylene tetramin)

물, 에탄올, 클로로포름에는 용해되고 에테르에는 불용이다.

(9) 헥사미늄염(Hexaminium salts)

유화제품의 방부제로 이용된다.

(10) 클로로아세트아미드(Chloroacetamide)

pH 조건이 알맞을 때 분산이나 유화가 잘 되므로 음이온성 계면활성제에 의한 방부 능력이 상승한다. 피부에 알레르기 반응이 없어서 화장품에 많이 사용되고 있다.

(11) 소르빈산(Sorbic acid)

pH = 6 이하의 제품에 사용하고 pH가 증가하면 많은 분자가 해리되므로 방부 효과가 감소한다. 효모 또는 곰팡이에 효과가 크며 높은 농도에서는 병원성 균이 살균된다.

(12) 벤조산(Benzoic acid)

빛과 열에 안정하며 pH = 4.5 이하의 산성에서 방부 효과가 나타난다. 박테리아에 대한 방부 효과는 높지만 유화 제품에 대한 방부능력은 떨어진다.

(13) 디하이드로 아세트산(Dehydroacetic acid)

0.05~015%를 의약품과 화장품에 사용한다. pH = 6.5 이하에서 박테리아에 방부 효과가 있다.

(14) p-히드록시벤조산에스테르(p-Hydroxybenzoic acid ester)

pH = 4~8의 범위 내에서는 방부력을 가지며 인체에 대한 독성이 없고 안정성이 좋다. 비이온성 계면활성제, 오일 등에 의해서 방부력이 감소된다.

(15) 디옥산에스테르(Dioxane ester)

pH가 넓은 범위에서 방부 효과를 가지며 비이온성 계면활성제의 영향을 받지 않는다. 아민이나 아마이드가 존재하면 변색된다.

(16) o-페닐페놀(o-Phenylphenol)

알카리성에서 0.1~0.4%의 농도에서 박테리아가 살균된다.

(17) 헥사클로로펜(Hexachlorophen)

그람 양성박테리아에 직접 작용하여 살균작용이 크다. 농도가 높으면 피부에 트러블이 생길 수 있는 단점이 있다.

(18) 비티오놀(Bithionol)

미생물, 효모 등은 방부효과가 있지만 그람 음성박테리아에는 방부 효과가 없다. 페놀향이 있고 빛에 분해된다.

(19) 디페닐 에테르(Diphenyl ether)

물에 불용이고 pH가 넓은 범위에서 방부효과를 가지며 Tween20과 레시틴 등과 배합하면 비활성화되어 방부 효과가 감소한다.

(20) 트리클로로카르바닐리드(Trichloroanilide)

1 ppm 농도에서 박테리아에 방부 효과가 대단히 높다.

(21) 살리실아닐리드(Salicylanilide)

곰팡이에 대한 방부 효과가 매우 좋으며 섬유의 마지막 살균제로 사용한다.

(22) 클로로헥시딘(Chlorohexidine)

일부 효모와 박테리아에 방부 효과가 높으며 레시틴 등과 배합하면 비활성화되어 방부 효과가 감소한다.

(23) 피오닌(Pionin)

넓은 범위에서 방부 효과를 가진다. 화장품에 효과적이고 상용성이 뛰어나며 pH = 8에서 방부 효과가 높다.

(24) 이미다졸리딜 우레아유도체(Imidazolyldil urea derivatives)

화장품의 대부분의 원료와 배합이 좋고 단백질이나 계면활성제에 의해 방부 효과가 상승한다.

(25) 아다만테인 유도체(Adamantane derivative)

넓은 범위에서 방부 효과를 나타내며 음이온성 계면활성제, 양이온성 계면활성제, 비이온성 계면활성제, 단백질 등에 영향을 받지 않는다. pH가 넓은 범위에서 방부 효과를 가진다.

(26) 벤잘코늄 클로라이드(Benzalkonium chloride)

넓은 범위에서 방부효과를 나타내며 바이러스 살균이 잘 되고 비누, 음이온성분, 산화물질과는 사용하지 않는다.

(27) 메르티올레이트 티메로살(Merthiolate thiomersal)

산성의 pH에서 방부 효과가 높다. 연고제의 방부는 0.02%의 농도로 한다.

5) 항균제

항균제가 사용되는 목적은 우리 생활의 상쾌함과 건강을 유지하기 위함이고, 화장품에서는 항균 효과를 나타내는 물질을 이용하여 미생물의 성장을 억제하는 것이다. 항균제를 사용하는 이유는 경제적이면서 효율적으로 이용하기 위해 항균 물질과 피부에 존재하거나 화장품속에 존재할 수 있는 미생물에 대하여 필수적으로 알아야 한다. 항균제는 우리의 피부에 적은 영향을 주고 미생물인 세균에 작용이 선택적으로 나타나는 약물로 첫째 세균만이 가지는 세포벽의 합성을 억제할 수 있는 성분으로 **베타 락탐계열**, 둘째 미생물의 단백질 합성을 억제할 수 있는 성분으로 **항균제**, 셋째 미생물의 엽산생성을 저해할 수 있는 성분으로 **항엽산제**, 넷째 미생물의 DNA 합성을 억제할 수 있는 성분으로 **약물** 등으로 크게 구분할 수 있다.

(1) 베타락탐 계열 항균제

페니실린은 감염성 질환으로 죽어가던 사람들을 살려낸 물질이다. 처음 임상에 쓰인 페니실린 G는 산성 pH에서 불안정하고, 세균이 만드는 효소인 beta-lactamase에 의해 파괴되고, 그람 음성균에 대해서는 활성이 낮은 단점이 있었다. 그래서 세균이 만드는 효소에 대해 안정한 약물, 즉 다양한 세균에 대해 효과가 있는 폭넓은 영역의 페니실린 계열 활성물질이 연구 개발되었다. 그 대표적인 항생제 예로 아목시실린은 그람 음성균의 외막에 대한 침투성이 증가되어 활성이 높아진 반면 beta-lactamase에 대해서 불안정한 단점이 있다. 그래서 clavulanic acid을 beta-lactamase에 억제제로 첨가하여 안정한 약물이 만들어져서 널리 유용하게 사용되었다.

세파 계열이라는 베타락탐계열 물질로 페니실린이 5각 고리 화합물이면 6각 고리 화합물로 대체된 구조의 물질인 세팔로스포린이 존재한다.

페니실린 계열보다 beta-lactamase에 대해 대체적으로 안정하지만 초기에 개발된 약물로부터 1세대, 2세대, 3세대 등으로 분류하고 1세대는 대체로 그람 양성균에 대해서 활성이 좋고 이후의 약물들은 그람 음성균에 대하여 활성이 높아지는 형태를 보인다.

1세대 약물은 세파드린, 세파졸린 세팔렉신 등이 있고, 2세대 약물은 세푸록심, 세파클러, 세프로질 등이며, 3세대 약물은 세파트리악손, 세포탁심, 세폭심, 세포독심 등으로 세대가 지날수록 가격은 높지만 개발된 물질은 내성 균주에 대해서 약효가 증가한다. 페니실린 계열 약물의 가장 큰 부작용은 드물지만 심각한 과민성 쇼크가 나타난다. 또한 세포벽 합성을 억제하는 물질로 활발하게 성장하고, 세포벽을 합성할 경우에만 살균성을 나타내는 것이 베타락탐계 약물의 특징이다.

그리고 베타락탐 계열로 분류되는 물질은 카바페넬 계열인 이미페넴과 모노박탐계인 아즈트레오남(Aztreonam) 등이 있다. 세균의 세포벽 합성을 억제하는 기타 물질로 반코마이신(글라이코펩타이드계), 바시트라신, 사이클로세린 등이 있다.

(2) 세균의 단백질 합성을 억제하는 약물

❶ 클로람페니콜

세균 리보솜의 50S 아단위와 결합하여 단백질 합성을 억제하여 폭넓은 정균성 항균제로 안조직과 방수에 침투가 잘 되어 안감염에 널리 쓰이고, 부작용으로 재생불량성 빈혈이 드물게 나타난다.

❷ 테트라싸이클린

세균 리보솜의 30S 아단위에 결합하여 단백질 합성을 억제한다. 역시 정균 작용을 한다. 양이온을 포함한 음식물에 의해 영향을 많이 받는다. 칼슘과 쉽게 결합하여 신생골과 어린이 치아에 침착되기 쉬우므로 8세 이하 어린이들에게는 주의하여 사용해야 한다. 또한 간독성, 신독성 등이 나타날 수 있다.

❸ Macroride계

거대한 락톤고리에 당이 부착된 형태이며 에리스로마이신, 아지스로마이신, 클래리스로마이신 등이 있다. 50S 리보솜 아단위에 결합하여 세균의 단백질 합성을 억제한다. 에리스로마이신은 간대사 효소를 억제하여 다른 약물의 대사에 영향을 미치므로 약물 상호작용에 유의하여 사용해야 한다.

❹ 아미노글라이코사이드류

스트렙토마이신 네오마이신, 토브라마이신 등이 있으며, 30S 아단위에 결합하고, 주로 호기성 그람음성균에 유용하다. 부작용으로는 이독성과 신독성이 심각하게 일어날 수 있으므로 주의해야 한다.

6) 살균제(Disinfectant)

화장품에 사용하는 살균제는 균을 사멸 또는 성장을 억제시키는 효과를 지닌 소독제로 피부의 청결을 유지한다. 화장품의 살균제는 피부 트러블 방지, 여드름 방지 및 완화, 액취 제거 비듬 제거 제품 등에 많이 사용하며 사용 시에는 수상과 유상 및 유화제 등에 혼합상의 문제, 피부의 반응성 등으로 인해서 살균 효과가 저하될 수 있다. 살균제로 많이 사용되는 물질은 염화벤잘코늄(benzalkonium chloride), 글루콘산클로로헥시딘(chlorohexidine gluconate), 트리클로로카르바닐라이드(trichloro carbanilide, TCC) 등을 많이 사용한다.

7) 항균제를 사용하는 이유

항균제가 화장품에서 나타내어야 하는 성질들이다.

❶ 인체에 무해하며 다양한 균(미생물)에 정균 작용을 한다.

❷ 수성과 유성의 성분에 잘 용해해야 한다.

❸ 안전성이 높고 피부자극이 없어야 한다.

❹ pH에 영향이 없고 온도 변화에도 반응성이 없어야 한다.

5. 안전성

1) 화장품의 안정성 내용

화장품은 많은 사람들이 비규칙적인 여러 조건에서 사용하므로 사람마다 피부의 유형은 다르지만 모든 피부에 자극이 적어야 하고, 알레르기 반응, 피부트러블 등이 나타나지 않는 화장품을 사람에게 사용하도록 제공되어야 한다.

❶ 피부 자극반응

❷ 자극 요소와 반응 과정

❸ 자극에 영향을 주는 요소

외부 화학물질에 대한 방어 능력은 개인, 성별, 연령, 피지 분비량 등에 의한 자극 요소로는 화학물질의 성분 물질, 피부 유형, 환경 요인 등이 있다.

성분 물질에서는 용량, 농도, 화학 결합 방법과 구조, 피부의 침투성, 극성, pH, 순도 등도 상관관계를 가진다. 또 환경 요소로는 온도, 습도, 계절 변화에 따른 일사량 등이 자극 반응에 영향을 준다.

2) 화장품의 안전성 시험

화장품은 많은 사람들이 비규칙적인 여러 조건에서 사용하므로 사람마다 피부의 유형은 다르지만 모든 피부에 자극이 적어야 하고, 알레르기 반응, 피부트러블 등이 나타나지 않는 화장품을 사람에게 사용하도록 제공되어야 한다.

(1) 피부 1차 자극성시험(Primary irritation test)

화장품에 들어가는 계면활성제의 피부 자극의 크기는 비이온성 〈 음이온성 〈 양이온성의 순서이고 사람의 피부에 근접한 백색 토끼에 시험을 실시한다.

(2) 눈 점막 자극성 시험(Eye mucous irritation test)

계면활성제를 많이 함유한 샴푸 또는 유기용매를 많이 사용한 화장품, 반응성이 높은 화장품은 눈 점막 자극에 대한 안전성 시험이 반드시 필요하다.

(3) 감작성 시험(알레르기, Sensitization, Allergenicity)

피부에 반복적인 도포에 의해 발생할 수 있는 알레르기성 반응으로 면역 반응에 관련된 시험이다. 반응 속도가 느린 반응으로 장시간 사용하는 화장품은 반드시 거쳐야 하는 시험이다.

(4) 광독성 시험(Phototoxicity test)

화장품은 자외선의 피부에 대한 자극 반응, 즉 홍반, 부종, 낙설 등의 피부 반응 정도를 알아보는 화장품에 대한 시험이다.

(5) 광 감작성 시험(광알레르기 반응, Photosensitization, Photoallergenicity test)

인체의 피부에 화장품을 반복하여 도포 후 자외선에 노출될 때 생기는 특이적인 면역반응과 그 결과에 의해서 생기는 피부반응 유무와 반응 정도를 알아보는 시험이다.

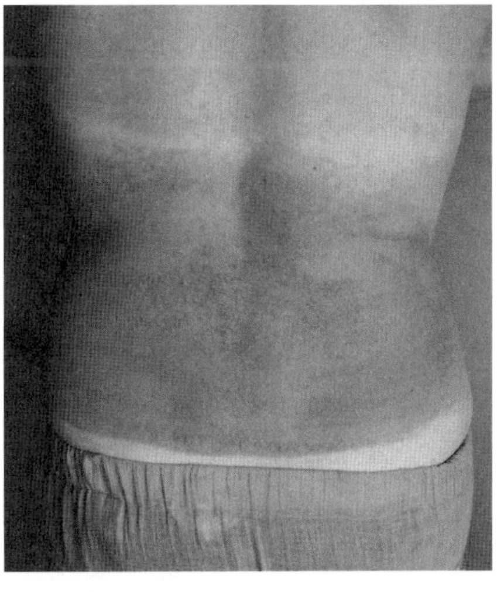

그림 4.11 알레르기(allergy) 광감작성(photosensitization) 모습.

(6) 독성 시험(Toxicity test)

❶ 음용 시험

먹었을 경우 경구독성 시험, 에어로졸이나 분말의 평가에는 흡입에 의한 호흡기 계통의 전신 독성 시험을 한다.

❷ 장기 도포 시험

연속적으로 장기간 도포 시 장기 및 전신 피부에 미치는 독성 시험으로 체중 변화, 일반 상태 관찰, 혈액이나 생화학적 검사를 한다.

(7) 변이원성 시험(Mutagenecity test)

생식세포나 DNA의 변이를 유발하는지 확인 및 발암성 시험을 한다.

(8) 생식 독성 시험(Reproductive toxicity test)

❶ 임신 전과 초기 시험
❷ 임신 후 8주(기관형성기) 시험
❸ 모유의 독성 시험

(9) 도포에 의한 내부시험

피부 조직에 흡수되어 인체에 미치는 영향 시험을 해야 한다.

(10) 사람에 의한 시험

❶ 도포 시험

원료나 제품이 피부에 트러블을 가지는지를 확인하는 방법으로 사람의 팔과 등에 도포하여 24시간 육안 감별한다.

❷ 사용 시험

실제로 사람이 사용해서 평가는 어려우므로 화장품에서 인체에 미치는 조건에서 사용 시 효과를 평가한다.

6. 안정성

1) 화장품의 안정성 내용

약제의 안정성에서 의약외품의 불안정한 주요인으로 온도와 빛 그리고 미생물에 의한 화장품 보관과 유통에서 불안정한 여러 현상들이 나타난다.

기능성화장품은 비타민과 특수 성분이 포함되므로 사용기간을 따로 정하고 있다. 유효기간은 보관 조건(온도, 빛)에 따라서 변화되기 때문에 보관에 세심한 주의가 필요하다.

(1) 온도

❶ 높은 온도

유상과 수상 분리, 색의 변화, 향기의 변화, 침전 현상, 유효 성분의 반응 등을 고려해야 한다.

❷ 낮은 온도

결정 성장, 침전 현상, 유상과 수상 분리, 용기 파손 등을 고려해야 한다.

(2) 빛(자외선)

색의 변화, 향기의 변화, 유효 성분의 반응을 고려해야 한다.

(3) 미생물

색의 변화, 향기의 변화, 유상과 수상의 분리, 피부 트러블 부작용 등을 고려해야 한다.

2) 화장품의 안정성 시험

화장품은 많은 사람들이 비규칙적인 여러 조건에서 사용하므로 사람마다 피부의 유형은 다르지만 피부에 자극이 작아야 하고 알레르기 반응, 피부 트러블 등이 나타나지 않는 화장품을 사용하는 사람에게 제공해야 한다.

(1) 보존성 시험

일정한 온도에서 시간이 지나면서 나타나는 화장품의 상태 관찰(외관 및 냄새 변화), pH 변화, 점도, 탁도, 수분 증발 정도 등을 고려해야 한다.

(2) 광 안정성 시험

자연광이 비치는 외부와 인공 빛이 존재하는 실내에서 빛에 노출되므로 보존 시험을 한다.

(3) 에어로졸 제품 안정성 시험

에어로졸 제품은 화장품 용제와 분사제의 혼합물로 내압의 변화, 용기의 밸브구조, 용기 재질과 용제와의 반응성을 반드시 확인한다. 부식 시험, 누설 시험, 막힘 시험을 확인한다.

(4) 특수 환경 변화에서 안정성 시험

극한 상황에 해당하는 환경의 변화에 노출된 경우, 즉 고온, 저온, 다습, 진동, 강한 자외선 등에서 안정성을 평가해야 한다.

(5) 제품의 안정성 보증(소비자를 위한)

❶ 비누나 세안용품

물러짐 현상, 점도의 저하, 사용감의 변화, 세정력의 저하 등을 고려해야 한다.

❷ 목욕용품

남은 제품의 방부성, 성분이 벽이나 욕조에 미치는 영향, 타월의 색상 변화, 눈에 들어갔을 때의 영향 등을 고려해야 한다.

❸ 에어로졸

휘발 성분이 가구와 주변에 미치는 영향, 성분과 용기의 안전성을 고려해야 한다.

❹ 용제물질이 많은 화장품

주변의 사용하는 용구들(안경, 빗, 세면대)의 재질에 미치는 침착성, 내구성 등을 고려해야 한다.

❺ 선 스크린제

의복에 염착성 및 세탁효과, 광변이성 등을 고려해야 한다.

연습 문제

1. 성질이 다른 두 가지 물질의 경계면에 존재하며 독특한 화학구조로 한 쪽은 물과 친한 친수성기를 다른 쪽은 기름과 친화력이 높은 친유성기를 가진 비누와 같은 물질은 무엇인가?

2. 계면활성제의 일반적인 분자의 구조는 물과 친화력이 높은 ____________ 와 기름과 친화력이 높은 ____________ 를 가진다.

3. 계면활성제의 분류를 한 것이다.

1) 물에 이온화되어 양이온이 형성되면 ____________

2) 물에 이온화되어 음이온이 형성되면 ____________

3) 물에 이온화되어 양이온과 음이온이 각각 1개 이상 형성되면 ____________

4) 분자가 이온화 되지 않고 특별한 작용기로 작용하면 ____________

4. 세정과 살균 작용을 동시에 이루어 정전기 발생을 억제하는 작용이 있어서 모발의 유연성과 부드러움을 주므로 헤어린스, 트리트민트제로 사용하는 계면활성제는 무엇인가?

5. 세정력과 기포가 많이 형성되므로 비누, 샴푸, 크림 등에 사용하는 계면활성제는 무엇인가?

절취선

6. pH에 따라서 작용이 다르게 나타나며 산성에서는 양이온이 활성제 역할을 하고, 알카리성에서는 음이온이 계면활성제 역할을 하여 한 쪽의 이온성 계면활성제의 단점을 보완하는 기능이 가능하므로 양이온은 세정과 살균작용을 하고 음이온은 세정력과 기포가 많이 형성되므로 피부의 자극이 적어서 유아용, 자극이 적은 샴푸에 사용하는 계면활성제는 무엇인가?

7. 물에 대한 이온성 계면활성제의 용해도가 대단히 상승하는 온도이고 마이셀이 형성되는 온도를 나타내는 점은 무엇인가?

8. 계면활성제의 분자 속에 있는 친수기와 소수기의 상대적인 세기에 따라서 분자의 성질이 친수성 또는 소수성을 나타내는 지수로 1949년 W. C. Griffin은 유화실험에서 비이온성 계면활성제에서 친수기와 소수기의 세기 비(ratio)에 따라서 전체가 친수성 및 소수성의 세기를 나타낸 것은 무엇인가?

9. 두 개의 섞이지 않는 액체를 강력히 혼합하여 한 개의 액체가 아주 작은 방울 상태로 안정하게 다른 액체에 분산되어 에멀션(emulsion)을 형성하게 하는 방법은 무엇인가?

10. 보통의 분자나 이온보다 크고 지름이 1~1000 nm 정도의 미립자가 기체 또는 액체 중에 분산된 상태를 무엇이라 하는가?

11. 안개나 연기처럼 기체에 액체방울이나 고체가 분산된 콜로이드는 무엇인가?

12. 액체 중에 액체가 분산해 있는 콜로이드는 무엇인가?

13. 액체 중에 고체가 분산해 있는 콜로이드는 무엇인가?

14. 글리세린, 벌꿀, 히알루론산 같은 물질은 보통의 보습제와 다른 형태로 피부에 수분을 유지시켜 주고 주위에서 피부에 수분을 흡수하여 세포에 수분을 공급함으로써 세포의 수분이 높아져 탱탱하도록 하고는 것을 무엇이라 하는가?

15. 식품, 화장품, 의약품 등의 방부제는 인체에 무해하고 품질을 손상시키지 않는다. 그래서 여러 나라에서는 식품방부제의 종류와 사용기준을 정하였다. 그 법은 무엇인가?

16. 수성과 유성간의 상호작용, 활성이 있는 물질이 다른 성분에 의하여 비활성이 생긴 경우, 화장품을 구성하는 성분들 사이의 반응 등으로 변성되는 화장품의 변화는 어떠한가?

절
취
선

17. 방부제의 작용 요소 3가지를 쓰시오.

18. 화장품은 자외선의 피부에 대한 자극반응으로 홍반, 부종, 낙설 등의 피부의 반응 정도를 알아보는 화장품의 시험은 무엇인가?

19. 피부에 반복적인 도포에 의해 발생할 수 있는 면역 반응에 대한 것이고 반응 속도가 느린 반응으로 장시간 사용하는 화장품은 반드시 거쳐야 하는 시험은 무엇인가?

20. HLB 시스템을 적용할 때 고려해야 할 중요한 세 가지 사항을 기술하시오.

PERFUME and **C**OSMETICS

제5장

향료로 화장품 만들기

현대사회를 살고 있는 일부 소비자들이 본인의 화장품을 스스로 만들어서 사용하는 경우가 많이 나타나며, 사람마다 선호하는 성분이 다르므로 몇 가지 기초적인 화장품 만드는 과정을 수록하였다.

1. 크림과 로션

1) 로션과 크림을 결정하는 유수분 밸런스

에센스(essence)가 속옷이라면 로션(lotion)이나 크림(cream)은 겉옷과 같습니다. 겉옷이 신체를 외부의 해로운 공해, 기온, 자외선으로부터 막아주는 것과 같이 낮에 사용하는(day) 로션과 크림은 외부에 노출된 얼굴을 보호해주고 밤에 사용하는(night) 로션과 크림은 지친 피부를 달래주며 진정시켜준다. 유수분은 건성 피부에만 필요한 것이 아니다. 스킨과 에센스로 수분을 채운다고 해도 유분이 있는 로션과 크림을 쓰지 않는다면 공들여 채워 넣은 수분까지 빠져나갈 수 있다. 그래서 피부를 부드럽게 하고 유분감을 채워주는 크림과 로션을 만들기 위한 기본 지식을 알아보자.

(1) 크림과 로션의 기초 에멀션

에멀션(emulsion)은 우유를 비롯하여 주위에 많은 예가 있지만 가장 대표적인 것은 동물의 젖으로 유탁액이라고도 한다. 때로는 젤라틴과 같은 친수 콜로이드로 보호된 콜로이드 분산계(dispersion system)를 분산질의 포함 여부를 불문하고 에멀션이라 하기도 하고, 분산해 있는 입자가 콜로이드 입자의 크기와 같은 유탁 콜로이드와 구별되지 않을 때도 있다. 또 물과 오일처럼 서로 용해하지 않는 두 액체를 흔들어서 섞으면 에멀션이 되지만 일반적으로 매우 불안정하여 방치해 두면 다시 두 액상(liquid)으로 갈라지게 된다. 이와 같은 혼합물을 균일혼합물로 안정시키려면 에멀션화제(emulsifying agent)를 가하는 것이다. 물과 오일에서 에멀션이 생기는 경우 물속에 오일이 분산한 O/W형 에멀션과 오일 속에 물이 분산한 W/O형 에멀션이 있다.

수상과 유상을 섞어서 크림이나 로션을 만드는 것을 에멀션(유화, emulsion)이라고 부른다. 서로 잘 섞이지 않는 이 두 재료가 섞일 수 있도록 중매 역할을 해 주는 물질을 유화제(emulsifier)라 하고 유화제를 이용하여 크림이나 로션과 같은 에멀션을 만든다. 따라서 에멀션은 근원은 같고 점도(viscosity)의 차이가 있을 뿐이다.

수상제(water phase) +유화제(emulsifier)+ 유상제(oil phase)

TIP 5-1

▶ **물과 오일의 비율을 나타내는 지수**

❶ **O/W(oil in water, 수중유적형)**
적은 양의 오일이 물 안에 들어 있다는 뜻으로, 수상재료가 대부분이고 유상재료가 소량인 경우를 뜻한다. 주로 로션, 클렌징 밀크 등에 이용되는 묽은 에멀션을 말한다.

❷ **W/O(water in oil, 유중수적형)**
적은 양의 물이 오일 안에 들어 있다는 뜻으로, 유상재료가 대부분이고 수상재료가 소량인 경우를 뜻한다. 주로 콜드크림, 바디버터 핸드크림, 클렌징크림 등이 여기에 속한다.

(2) 에멀션의 종류

에멀션은 유상재료와 수상재료의 비율에 따라 각각 크림 타입과 로션 타입으로 구분된다. 재료의 전체 양 중에서 수상재료의 비율이 높으면 로션 타입에 가깝고, 유상재료의 비율이 높으면 크림 타입에 가까워진다.

구분	에멀션형 에센스	로션 타입	크림 타입	비고
수상재료	85~90%	70~90%	50~70%	
유상재료 (유화제)	5~10% (1~2%)	10~30% (1~2%)	30~50% (5~10%)	( )안은 유화제의 양
후 첨가제	1~2%	1~2%	1~2%	

*유상재료의 비율 안에 유화제가 포함되어 있다.

2) 핸드크림

핸드크림(hand cream)은 유상 성분과 수상 성분으로 크게 나누고 유상 성분의 경우 올리브유, 아몬드유, 해바라기유, 호호바유와 같은 오일 성분과 라놀린, 카루나우바왁스, 칸데릴라왁스와 같은 왁스 원료, 스테아린산, 올레인산 등의 지방산, 그리고 세탄올, 스테아릴알코올, 콜레스테롤 등의 고급 알코올이 사용된다. 수상 성분은 보습제의 주원료인 글리세린, 프로필렌 글리콜, 솔비트, 폴리에틸렌그리콜, 1,2-부틸렌글리콜 등이 사용된다. 그 외 계면활성제, 착색제, 방부제, 약제 등이 들어가기도 한다.

핸드크림은 손에 수분을 공급하고 유연작용을 도우며, 부드러움을 제공하는 효과가 있다. 수분 공급, 보습효과와 더불어 최근에는 미백 효과가 들어간 크림도 출시되고 있으며, 천연 꽃 성분이나 식물의 추출물(essence oil)을 이용해 산뜻한 향이 남기도 한다. 바른 후에 빠르게 흡수되는 특징이 강화되어 크림 특유의 끈적임이 없는 제품도 개발되었다.

2. HLB system

HLB(hydrophile-lipophile balance) 시스템은 조금 어려운 이론이지만 알아두면 레시피를 산정하거나 직접 화장품을 만들 때 유용하다. 이 시스템을 이해하고 화장품을 만들면 크림이나 로션이 분리되는 당황스러운 상황을 경험하지 않게 될 것이다.

1) 친수성과 친유성을 구별하는 BL 시스템

HLB 시스템은 1949년 윌리엄 그리핀(William C. Griffin)에 의해 처음 고안된 이후 세계 각지에서 여러 방법으로 활용되고 있다. Hydrophile-lipophile system의 약자로 Hydro는 물을 의미하고, lipo는 오일 성분을 의미하는 것으로 계면활성제가 지닌 친수성과 친유성의 비율(균형)을 뜻한다. 이 시스템은 미국 Atlas Powder Co.가 자사의 표면 활성제를 이용할 때의 기준으로 하여 공표한 것이다.

HLB는 주로 비이온 활성제에 적용되며 오일의 유화 실험에서 경험적으로 0~40까지의 수치로 표현하고 있다. 숫자가 작을수록 친유성이 강하며, 클수록 친수성이 강한 것을 나타내고 있다. 친수기의 중량분율 등에서 HLB를 구하는 경험식도 사용되고 있다.

실용상의 HLB는 W/O형 유화의 경우는 3.5~6, O/W형 유화의 경우는 8~18, 소포의 경우는 1.5~3, 습윤의 경우는 7~9, 세척의 경우는 13~15, 가용화의 경우는 15~18이 최적이라고 되어 있다. 또한 우리가 사용하는 화장품 재료 중에 오일 성분의 유상재료 모두가 “요구되는 HLB” 값을 가지고 있는데, 이 값을 “rHLB(또는 required HLB, 소요HLB)”라고 부르며 역시 0~40의 수치로 표현하고 있다. 정리하자면 유화제는 HLB 값을 유상재료는 rHLB 값을 가지고 있으며, HLB와 rHLB의 값이 일치할 때 에멀션(크림, 로션)은 안정적인 유화를 이루게 되며 쉽게 분리가 되지 않는다.

2) HLB 시스템의 유의 사항

이 수치가 모든 것을 해결해주는 만능 시스템이 아니다. 가장 중요한 유화제의 종류와 사용량, 그리고 유상재료와 수상재료의 비율은 HLB 시스템이 결정해 주는 것이 아니라 레시피는 만드는 사람이 정해야 하는 내용이다. 특히 유화제는 안정과 여러 특성을 고려하여 친유성과 친수성 양쪽의 유화제를 각각 선택하는 것이 좋다. 다음은 HLB 시스템을 적용할 때 고려해야 할 사항을 알아본다.

첫째는 유화제 종류로 보통은 두 가지를 선택하는 것이 좋다.

둘째는 유화제의 전체량으로 사용량을 결정해야 한다.

마지막으로 유상재료와 수상재료의 비율을 얼마로 할 것인가를 정하는 것이 중요한 내용이다.

예제 1)

HLB 시스템을 적용할 때 고려해야 할 중요한 세 가지 사항을 기술하시오.

풀이

1) 유화제 종류(어떤 유화제를 사용할 것인가?)
2) 유화제의 전체의 양 결정(얼마만큼 사용할 것인가?)
3) 유상재료와 수상재료의 비율(수상과 유상의 비율을 얼마로 할 것인가?)

3) 천연화장품 제조에 주로 사용되는 유화제들

유화제의 종류는 대단히 많지만 천연화장품에 많이 사용되는 유화제는 몇 가지로 정해져 있다. 친수성계통의 유화제는 폴리소르베이트80(polysorbate 트윈80, HLB 15), 세티아레스20(ceteareth, HLB 15.2)인 지방알코올의 혼합물이 있고, 친유성계통의 유화제는 글리세릴스테아레이트(glyceryl stearate, HLB 3.8), 솔비탄올레이트(sorbitan oleate, HLB 4.3) 레시틴(lecithin, HLB 9.7) 등이 있다. 단일유화제는 올리브유화왁스(olivate, HLB 약 9.0), 에멀시파잉왁스(emulsifying wax, HLB 약 10.0), 몬타노브202(montanov wax, HLB 약 8.3) 등이 존재한다. 단일유화제는 HLB 시스템까지 이용하여 두 가지 이상의 유화제를 사용하는 번거로움을 없애고자 친유성과 친수성의 중간 정도의 유화제로 만들어진 것이다. 그러나 많은 양을 만들거나 후 첨가재료가 많다면 유화를 목적으로 하는 에멀션화장품은 항상 분리될 가능성을 가지고 있다.

이러한 유화제품의 분리를 최소화시키기 위해서는 HLB에 대한 이해가 필요하다. 참고로 우리가 흔히 유화제 또는 유화보조제로 사용하는 세틸알코올(cetyl alcohol), 스테아릴알코올(stearyl alcohol), 세토스(cetos KD) 등의 고급알코올은 HLB 시스템에서는 유화제가 아닌 유상재료로 사용한다.

4) HLB 시스템을 이용한 레시피 작성법

HLB 시스템을 이용하여 로션을 만드는 과정을 통해 HLB 시스템의 실제 사용법을 알아보자. 수상과 유상의 비율, 유화제의 양, 유화제의 종류를 먼저 정한 후에 적용해 본다.

실제로 로션을 만드는 과정을 살펴본다면 유상과 수상의 비율을 20:80(100 g 기준)으로 결정한다(수상 80 g, 유상은 유화제를 포함하여 20 g). 여기서 유화제의 양은 전체 총량의 4%(100 g 중 4 g)로 정하고 종류는 친수성 계통의 올리브유화왁스(HLB 9.0)와 친유성 GMS(HLB 3.8) 두 가지를 사용하기로 하자. 세 가지 성분을 결정하여 레시피를 작성해야 한다.

5) 보습로션 레시피(전체 100 g)

(1) 수상재료

❶ 정제수 51g
❷ 로즈마리 추출물 20 g
❸ 히알루론산 8 g

(2) 유상재료

❶ 스위트아몬드오일 8 g(rHLB 6.0); 유상재료의 50%
❷ 호호바오일 4 g(rHLB 6.5); 유상재료의 25%
❸ 햄프씨드오일 4 g(rHLB 7.0); 유상재료의 25%

(3) 유화제(4%로 결정 4 g)

올리브유화왁스 ? g(HLB 9.0), GMS ? g(HLB 3.8)

(4) 후첨가재료

❶ 천연 방부제(GSE) 1 g
❷ 라벤드 에센셜오일 10방울
❸ 제라늄 에센셜오일 2방울

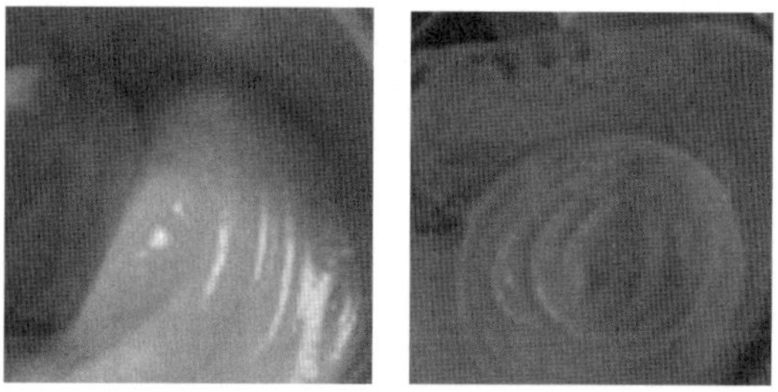

그림 5.1 화장품 크림이 만들어지는 모습.

그림 5.2 화장품 로션이 만들어지는 모습.

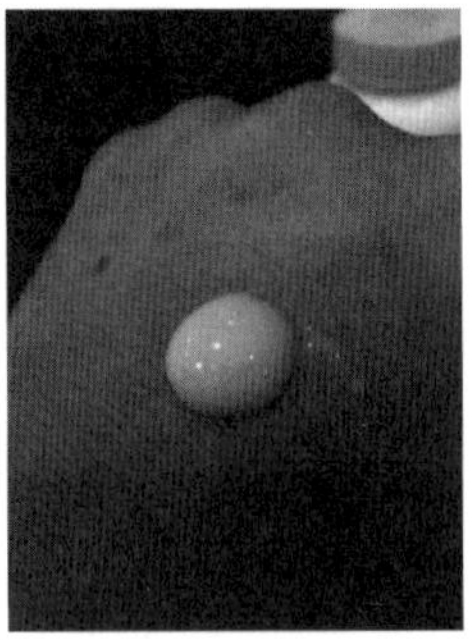

그림 5.3 화장품 크림을 만들어서 손 위에서 점도를 알아보는 모습.

6) 유화제 사용 비율 계산

레시피에서 대부분의 성분은 정해진 상태이고 가장 중요한 유화제의 양이 결정되지 않았다. 두 가지 유화제인 올리브유화왁스와 GMS를 합하여 4 g을 사용하려고 한다면 이 4 g을 어떻게 배분해야 하는가? 이것이 중요한 문제이다. 그 계산 과정을 살펴보자.

(1) 개별 유상재료의 배합 비율

전체 유상재료 대비, 각 유상재료의 비율을 계산한다(표 5.1).

표 5.1 개별 유상재료 배합비율 계산법

스위트아몬드 오일	8/16 = 50.0%
호호바 오일	4/16 = 25.0%
햄프씨드 오일	4/16 = 25.0%

(2) 유상재료 배합 비율 × rHLB

개별 유상재료의 비율에 각 유상재료의 'rHLB' 값을 곱하여 합을 구한다(표 5.2).

표 5.2 유상재료 배합비율× rHLB의 계산법

스위트아몬드 오일	50% × 6.0 = 3.00
호호바 오일	25% × 6.5 = 1.63
햄프씨드 오일	25% × 7.0 = 1.75
유상재료 전체 rHLB = 1.63 + 3.00 + 1.75 = 6.38	

(3) 유화제 양 결정하기

레시피에서 유상재료의 HLB 값이 6.38이 되므로 안정적인 유화를 위해서는 HLB 값이 6.38에 가까운 유화제를 사용하면 좋다. 위에서 선택한 두 가지 유화제인 올리브유화왁

스(HLB 9.0)와 GMS(HLB 3.8)를 어떤 비율로 섞어야 HLB 값이 6.38이 될까? 간단한 계산법(대각선차법)을 알아두면 각 유화제의 사용 비율을 알 수 있다.

대각선차법은 대각선에 있는 값을 빼서 그 차이를 구하는 식이다. 아래 표 5.3에서 왼쪽에는 유화제 HLB 값을 가운데에 유상재료의 rHLB 값을 배치한 후, 이 값들을 대각선으로 뺀 값을 오른쪽에 둔다. 여기서 서로 간의 뺀 절댓값이므로 음의 부호는 무시한다. 표 5.4에서 정리한 것과 같이 2.58 : 2.62의 비율로 올리브유화왁스와 GMS를 사용한다. 백분율로 나타내었고 그 비율에 따라서 유화제의 양을 구체적으로 계산하면 올리브유화왁스는 4 g 중에서 1.98 g을 계량하고 GMS는 2.02 g을 계량 후 합하여 사용한다. 보통 근사적으로 2 g씩 사용해도 무방할 것이다.

표 5.3 대각선차법

올리브유화왁스 (HLB 9.0)		A = 2.58	올리브유화왁스 비율 2.58/5.20 = 49.6%
	↘ ↗ rHLB 6.38 ↗ ↘		
GMS(HLB 3.8)		B = 2.62	GMS 비율 2.62/5.20 = 50.4%
전체 HLB A + B = 5.20			

표 5.4 유화제 사용량 결정법

A. (올리브유화왁스의 사용 비율): 6.38 − 3.80 = 2.58

2.58/5.20백분율 = 49.6%

올리브유화왁스의 사용량 = 4 g ×(2.58/5.20) = 4 g × 49.6% = 1.98 g

B. (GMS의 사용 비율): 9.00 − 6.38 = 2.62

2.62/5.20백분율 = 50.4%

GMS의 사용량 = 4 g ×(2.62/5.20) = 4 g × 50.4% = 2.02 g

3. 스킨과 로션 만들기(전체 100 g)

1) 녹차스킨

녹차의 푸른 향을 내 피부에 녹차에 다량 함유된 폴리페놀과 카테킨을 녹차 밭에서 솟아오르는 새잎처럼 우리 피부를 건강하고 생동감 있게 한다(타입: 모든 피부, 여드름성 피부, 건성 피부).

(1) 수상재료

❶ 녹차우린물: 67 g
❷ 녹두추출물: 20 g
❸ 히알루론산: 7 g (액체는 유상으로)

(2) 유상재료

❶ 녹차씨오일: 0.5 g
❷ 라벤더 에센셜오일: 6방울
❸ 베르가못 에센셜오일: 2방울

(3) 가용화제

솔루빌라이저: 4 g

(4) 후 첨가제

천연방부제: 1 g
(자몽씨추출물 70% + 글리세린 30%, 유효기간: 24개월, 연노란색 점성이 있는 액체 수용성)

[만들기 과정]

1단계: 비커 ①에 선정한 수상재료를 계량하여 넣는다.

2단계: 비커 ②에 선정한 유상재료와 가용화제를 계량하여 넣고 고르게 섞는다.

3단계: 핫플레이트 위에서 비커 ①을 비커 ②에 조금씩 넣으면서 60~70°C로 가열하여 고르게 섞는다.

4단계: 천연방부제를 넣은 후 다시 섞는다.

5단계: 소독한 용기에 화장수를 담는다.

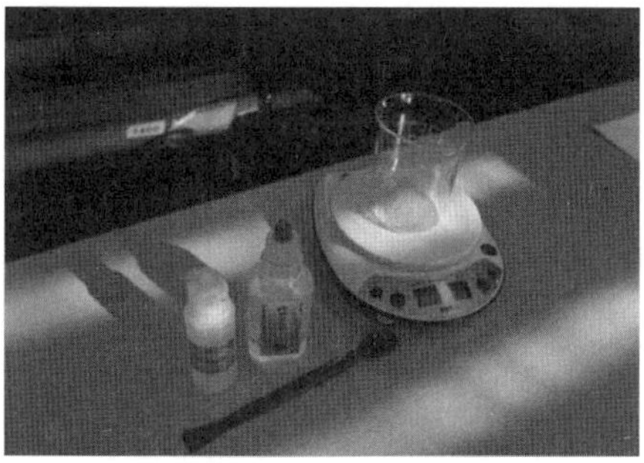

그림 5.4 화장품 계량하는 모습.

그림 3.45 Resorcin.

2) 베이직 크림(Basic cream)

누구나 사용 가능한 크림이다(타입: 모든 피부, 건성 피부).

(1) 수상재료

❶ 정제수: 45 g

❷ 녹차추출물: 15 g

❸ 히알루론산: 5 g

(2) 유상재료

❶ 호호바 오일: 15 g

❷ 스위트아몬드오일: 10 g

(3) 유화제

❶ 올리브유화왁스: 4 g

❷ GOE; 3 g 또는 몬타노브 202
(GOE: glyceryl oleate elaidate; HLB 3.0인 친유성 천연유화제)

(4) 후 첨가제

❶ 비타민: 1 g (황산화제: 비타민 E, 로즈마리 추출물 참깨기름)

❷ 천연방부제 1 g
(자몽씨추출물 70% + 글리세린 30%, 유효기간: 24개월, 연노란색 점성이 있는 액체 수용성)

❸ 라벤더 에센셜오일: 10방울

❹ 로즈우드 에센셜오일: 5방울(제라늄 E.O.)

[만들기 과정]

1단계: 비커 ①에 선정한 수상재료를 계량하여 넣는다.

2단계: 비커 ②에 선정한 유상재료와 유화제를 계량하여 넣고 고르게 섞는다.

3단계: 핫플레이트 위에서 수상재료(비커 ①)와 유상재료(비커 ②)를 각각 60~70°C로 가열한다.

4단계: 적정 온도에서 비커 ①을 비커 ②에 조금씩 넣으면서 고르게 섞는다.

5단계: 4단계에서 섞을 때 크림이 알맞은 점도에 도달하도록 빠른 속도로 젓는다.

6단계: 후 첨가재료를 넣고 다시 젓는다.

7단계: 소독한 용기에 담아서 1~2일 냉장 보관 후 사용한다.

4. 영양크림 만들기(전체 100 g)

숲속의 버터라는 별명이 있다. 비타민 A, B, E 등 다양한 영양성분을 함유하므로 누구나 사용 가능한 크림이다(타입: 모든 피부, 노화피부, 탄력 없는 피부).

(1) 수상재료

❶ 정제수: 25 g
❷ 석류 추출물 15 g
❸ 감초 추출물 12 g
❹ 히알루론산: 5 g
❺ 알부틴: 2 g

(2) 유상재료

❶ 아보카도오일 15 g
❷ 블랙세서미: 10 g
❸ 햄프씨드오일: 6 g
❹ 윗점오일: 5 g

(3) 유화제

❶ 올리브유화왁스 4.6 g
❷ GOE; 2.4 g (GOE: glyceryl oleate elaidate; HLB 3.0인 친유성 천연유화제)

(4) 후 첨가제

❶ 비타민: 1 g (황산화제: 비타민 E, 로즈마리 추출물, 참깨기름)
❷ 천연방부제 1 g
(자몽씨추출물 70% + 글리세린 30%, 유효기간: 24개월, 연노란색 점성이 있는 액체 수용성)
❸ 라벤더 에센셜오일: 5방울
❹ 로즈 에센셜오일: 5방울
❺ 제라늄 에센셜오일: 5방울

[만들기 과정]

1단계: 비커 ①에 선정한 수상재료를 계량하여 넣는다.

2단계: 비커 ②에 선정한 유상재료와 유화제를 계량하여 넣고 고르게 섞는다.

3단계: 핫플레이트 위에서 수상재료(비커 ①)와 유상재료(비커 ②)를 각각 0~70°C로 가열한다.

4단계: 적정 온도에서 비커 ①을 비커 ②에 조금씩 넣으면서 고르게 섞는다.

5단계: 4단계에서 섞을 때 크림에 알맞은 점도에 도달하도록 빠른 속도로 젓는다.

6단계: 후 첨가재료를 넣고 다시 젓는다.

7단계: 소독한 용기에 담아서 1~2일 냉장 보관 후 사용한다.

5. 히알루론산로션 만들기(전체 100 g)

히알루론산은 중량의 200~1000배에 해당하는 수분을 함유하므로 보습을 위한 로션이다. 더 좋은 보습로션을 원한다면 밍크오일이나 햄프씨드 오일을 배합하면 건성 피부에 잘 어울리는 보습로션이 된다(타입: 모든 피부, 민감성 피부, 건성 피부).

(1) 수상재료

❶ 로즈워터: 43 g
❷ 수세미추출물: 10 g
❸ 고투콜라추출물: 8 g
❹ 히알루론산: 8 g
❺ 베타글루칸: 10 g

(2) 유상재료

❶ 살구씨 오일: 6 g
❷ 달맞이꽃종자 오일: 5 g
❸ 햄프씨드 오일: 4 g

(3) 유화제

❶ 에밀시파잉왁스: 2 g
❷ GMS: 2 g (GMS: 친유성 천연유화제)

(4) 후 첨가제

❶ 비타민: 1 g (황산화제: 비타민 E, 로즈마리 추출물, 참깨기름)
❷ 천연방부제 1 g
(자몽씨추출물 70% + 글리세린 30%, 유효기간: 24개월, 연노란색 점성이 있는 액체 수용성)

❸ 라벤더 에센셜오일: 10방울
❹ 로즈우드 에센셜오일: 5방울
❺ 샌달우드 에센셜오일: 2방울

[만들기 과정]

1단계: 비커 ①에 선정한 수상재료를 계량하여 넣는다.

2단계: 비커 ②에 선정한 유상재료와 유화제를 계량하여 넣고 고르게 섞는다.

3단계: 핫플레이트 위에서 수상재료(비커 ①)와 유상재료(비커 ②)를 각각 0~70°C로 가열한다.

4단계: 적정 온도에서 비커 ①을 비커 ②에 조금씩 넣으면서 고르게 섞는다.

5단계: 4단계에서 섞을 때 로션에 알맞은 점도에 도달하도록 빠른 속도로 젓는다.

6단계: 후 첨가재료를 넣고 다시 젓는다.

7단계: 소독한 용기에 담아서 1~2일 냉장 보관 후 사용한다.

연습 문제

1. 크림과 로션을 구성하는 기초적인 구성 성분은 무엇인가?

2. 물과 오일의 비율을 나타내는 지수로 표시되는 다음을 설명하시오.

1) 수중유적형(oil in water): O/W형

2) 유중수적형(water in oil):W/O형

3. 에멀션의 종류는 수상재료와 유상재료의 양에 따라 분류된다. 두 가지로 분류하시오.

절취선

4. 로션과 크림을 결정하는 것은 무엇인가?

5. 누구나 사용 가능한 크림으로 베이직 크림의 수상재료와 유상재료, 유화제 및 후 첨가제와 만드는 과정을 설명하시오.

6. 녹차의 푸른 향을 내 피부에 녹차에 다량 함유된 폴리페놀과 카테킨을 함유하는 녹차스킨을 만드는 과정을 설명하시오.

PERFUME and **C**OSMETICS

제6장

향수와 향료

인간의 의식과 수준이 높아지면서 자신의 모습을 미화하려는 성향이 강해지고 이러한 감성의 깊이를 높여주는 방향성을 가지는 물질을 발산하여 주위에 자신의 가치를 높이는 효과를 나타내고자 한다.

1. 향료

화장품 및 식료품 등의 생활용품에 향기를 가하기 위해 첨가하는 향기가 강한 유기물질로 이들은 상온에서 휘발성이 우수하다. 천연향료와 합성향료 그리고 조합향료로 구분한다.

1) 향료의 역사

향료가 사용되기 시작한 시기는 분명하지 않으나, 고대 이집트 제5왕조(BC 25세기~BC 24세기)의 향로가 있고, 미라에 향료를 사용한 흔적이 있다. 또 구약성서의 출애굽기, 레위기에 '향을 피운다'라는 말이 있고, 또 일리아스에 장미향을 부여한 향고를 몸에 바르는 풍습이 4000~5000년 전으로 생각된다. 향료의 어원은 라틴어 perfumum '연기를 통하거나 태운다'는 뜻이며, 고대 민족의 향료 사용은 불에 태우는 데서 비롯되었다. 당시는 백단, 육계, 몰약, 이리스 등이 그 원료였다. 고대에는 종교의식 때 제물로 바칠 동물을 몰아내기 위해 향료를 태웠고, 제사를 지낼 때 술에 향료를 가하여 맛을 내거나 음식물에 향료를 넣어 부패를 방지하였으며, 신전으로 나가기 전에 몸에 향료를 발랐다.

그 후 향료는 점차 종교의식에서 멀어져 일상생활에 사용하게 되었다. 전래 경로는 동양에서는 파미르 고원에서 시작하여 인도, 중국을 거쳐 한국으로 전해졌고, 서양에서는 고대 이집트 시대에서 고대 바빌로니아와 아시리아 시대를 거쳐 그리스 시대의 귀족계급 사이에 애용되었다. 그 중에서도 장미꽃 향료가 가장 인기가 높았으며, 이 풍조는 로마 시대에 절정이 된다. 그러나 로마제국이 멸망한 후 향료의 사용은 한동안 소멸

하고 제전에 사용되는 것 외에는 사용이 금지되었으며, 중세에는 십자군 병사들이 향료를 가지고 돌아왔고, 베네치아에는 동양의 향료가 수입되었다. 16세기 프랑스에서는 꽃의 재배와 향료 추출 공업이 발생하였고, 르네상스 이후 일반 대중에게도 퍼져서 많은 새로운 향료가 만들어졌다. 19세기로 접어들면서 유기화학의 발달이 향료 공업을 발달시켰고, 알코올이 공업적으로 싼 값에 제조되게 된 후 향수가 더욱 널리 일반인에게까지 보급되었다.

2) 향료의 종류

(1) 천연향료

동물성 향료는 동물의 분비선에서 채취하고 식물성 향료는 향을 추출한 것으로 동물성 향료에는 사향, 시벳(civet), 앰버그리스(ambergris, 용연향), 카스토르(castor)의 4종밖에 없다. 사향은 사향노루의 냄새주머니를 건조시킨 것으로 향료 성분은 무스콘(muscon)이다. 시벳은 사향고양이의 분비물을 모은 것으로 성분은 시베톤으로 이루어지며 사향 비슷한 향기가 난다. 용연향은 향유고래의 배설물이며, 주성분은 앰브레인(ambrein)이다. 카스토르는 비버(beaver)의 분비물로 향의 주성분은 분명치 않다. 이들 향료는 알코올로 향기의 성분을 추출하여 사용하므로 생산량이 적으며, 향료 중 가장 비싸고 사용량도 극히 적어 향수와 조합향료의 소재로 사용된다.

식물성 향료는 방향성 식물의 꽃과 꽃망울, 과실, 잎, 가지, 줄기, 뿌리 및 천연수지 등에서 얻으며, 그 대부분은 휘발성인 유상물질로 물보다 가볍고, 정유라 하여 유지와 구별된다. 이소프렌 2~3개의 분자가 중합한 모노(mono) 및 세스퀴테르펜 탄화수소 및 그 유도체인 알코올, 알데히드, 케톤, 에스테르 등 많은 테르펜 화합물이 주성분이다. 테르펜 화합물의 합성은 복잡하므로 주로 천연정유에서 채취한다.

옛날에는 원료 식물 수지를 그대로 향료로 사용하였으나 오늘날 정유 추출법의 기술이 좋아져서 수증기로 증류하며, 원료를 가열하면서 수증기를 보내면 향료 성분이 증발하여 수증기와 함께 추출하여 냉각해서 물과 정유를 분리하면 얻어진다. 이 방법에서 성분이 열화하여 냄새가 나빠질 때는 n-헥산 등의 석유계 용제로 성분을 용출시키는 추출법과 정제한 돼지, 말의 기름 등에 원료를 넣어 향료 성분을 일단 유지로 옮긴 후 알코올에 의해서 성분을 용출시키는 냉침법으로 얻는다.

또 레몬유 오렌지유 등의 감귤류에서 얻는 정유는 껍질을 압착하여 성분을 짜내어 향기의 열화를 방지한다. 유향 식물은 1,500종 정도 있으나 향료로 가치가 있는 것은 그 중 100~150종으로, 그 대부분은 수증기 증류에 의하여 정유를 추출한다. 그래서 정유의 종류는 매우 많으나 이들 중 그대로 사용되는 것은 적고 대부분은 다른 향료의 제조 원료로 이용된다.

(2) 합성향료(인조향료)

정유를 분류 또는 냉동법으로 향료 성분을 분리시켜 얻은 단리 향료와 화학적으로 합성시킨 합성향료가 있다. 단리 향료(추출 향료)는 게라니올, 리날롤, 시트로넬롤, 장뇌, 시네올, 사프롤 등이 중요하며 이들 대부분은 아직 합성할 수 없다. 시트로넬라유에서 분리한 게라니올과 시트로넬롤은 장미 냄새가 나서 장미유 조합원료로서 중요하며 장뇌유에 함유된 시네올과 리날롤은 각각 합성 유칼리유와 인조 리날로에유의 원료로 사용된다. 또 장뇌유의 주성분의 하나인 사프롤은 헬리오트로핀, 바닐린 등 고급 향료의 원료로 사용된다. 이와 같이 단리향료는 조합원료나 다른 향료의 출발원료로 쓰이는 일이 많고 단독으로 쓰이는 일은 적다. 합성 향료는 주로 콜타르, 정유, 단리향료, 석유화학제품(벤젠, 톨루엔, 톨루인, 페놀) 등 합성 원료로부터 제조되며, 그 수는 500종 이상이 되고 해마다 종류가 증가하고 있다.

(3) 조합향료

천연향료는 향료성분으로서 보통 10가지 이상 종의 화합물을 함유하고 있으며, 단리향료나 합성향료로는 천연향료의 향기를 만들어 낼 수 없다. 그리하여 실제로 10가지 이상의 단리 향료 합성 향료를 때로는 천연 향료를 배합하여 제품을 만든다. 이와 같은 향료를 조합 향료(compound perfume)라고 한다. 게라니올과 시트로넬롤은 모두 장미 냄새가 나는데 이 두 가지를 조합하면 냄새가 좋은 장미유가 된다. 실제로 조합 향료 제조에는 많은 경험과 기술이 필요하며, 그 방법은 잘 알려져 있지 않다. 또 조합 향료는 주체 향료 외에 단일 향료의 무미건조한 향기에 깊이를 부여하는 조제 및 혼합한 각종 향료 성분의 휘발성을 균일화하고 동일한 향기를 지속시키는 구실을 하는 보류제가 가해져 있다. 향료는 향수, 비누, 화장품, 식료품, 추잉 껌, 치약, 담배, 과자, 의약품 등 생활용품의 향기를 내는 구성 물질에 널리 이용된다. 식품류 향료는 향신료라 하며, 육계, 생강 등이 있다. 청량음료 등에는 에스터류, 바닐린, 쿠말린 등이 사용되며 에센스라 한다.

3) 조합향료의 용도에 의한 분류

(1) 향장품향료(Fragrance)

향수류, 기초화장품, 색조화장품, 남성용 화장품, 두발화장품, toiletry(신체를 청결하게 하는 세정용 화장품) 제품, 세제류, 잡화용품 등이 있다.

(2) 식품향료(Flavor)

제과용, 유제품용, 음료용, 육류가공품, 조미료, 기호식품 등이 있다.

(3) 연초향료(Tobacco perfume)

담배와 같은 연초용이 있다.

(4) 약용향료(Medicinal perfume)

의약품에는 시럽이나 당의정이 있고, 의약외품에는 치약, 살충제, 입욕제, 파스 등이 있다.

(5) 산업용향료(Industrial perfume)

생물용에는 사료 유인제, 기피제가 있고, 보안용으로는 도시가스와 LPG 등이 있으며. 환경개선용으로는 화학공업, 양계장, 어시장 등이고, 공업용으로는 고무, 도료, 방청유, 절삭유 등이 있다.

4) 향료의 사용과 구성

향기와 향미를 즐기기 위함이며, 제품의 원료 냄새를 마스킹(masking)하려 할 때, 상품의 효용 가치를 높이고자 할 때 향료를 사용한다. 그 구성은 탑 노트(top note)로 조합향료의 시작으로 비등점(b.p) 220°C 이하로 낮고 확산력이 강한 것으로 aldehydic, critrus, fruity, green, spicy 등이 있고, 미들 노트(middle note)는 조합향료의 핵심 부분으로 비등점(b.p) 220~300°C이 중간으로 floral(rode, jasmin, lilac, muguet)가 있다. 또 베이스 노트(base note)는 조합향료의 잔향을 가지면서 비등점(b.p) 300°C 이상으로 높고 지속력을 강하게 가지는 animalic, balsamic, leather, mossy, woody, amber, powdery 등이 있다.

5) 좋은 향료 구비조건과 특성

향료의 신선도(freshness), 확산의 강도(diffusion: strength: intensity) 향료의 지속성(tenacity: long lasting), 균형성(harmony: balance), 온도 변화(고온)와 일광(자외선) 그리고 pH 변화에 대한 안정성(stability), 유기용매의 인화성이나 미생물 분해성 또는 인체에 대한 자극성과 유해성, RIFM*, IFRA)으로부터의 안전성(safety), 독창성(originality), 적응성(fashion) 등을 모두 갖추어야 한다(*RIFM: Research Institute for Fragrance Materials 1966년 미국에서 설립 향료물질의 안전성 시험 전문기관).

2. 향수

1) 향수

향료를 알코올 등에 녹여서 만든 액체 화장품이다. 어원인 라틴어 'perfumum'은 '연기를 통한다'는 의미를 담고 있으며, 향수는 인류가 최초로 사용한 화장품이라고 볼 수 있다. 약 5,000년 전의 고대 사람들이 종교적 의식, 즉 신과 인간과의 교감을 위한 매개체로 사용하면서부터 시작되었다. 향수 원액의 농도에 따라 퍼퓸, 오드퍼퓸, 오드트왈렛, 오드콜로뉴 등으로 나눌 수 있다.

2) 향수의 기원

향수의 기원은 종교적인 의식, 곧 신과 인간과의 교감을 위한 매개체로부터 출발하는데, 그 역사는 약 5,000년 전으로 거슬러 올라간다. 신을 신성하게 여겨온 고대의 사람들은 신에게 제사를 지낼 때 몸을 청결히 하고, 향기가 풍기는 나뭇가지를 태우고, 향나무 잎으로 즙을 내어 몸에 발랐다고 한다.

고대의 향료는 훈향으로서 종교의식에 사용되었고, 몸 또는 의복에 부착하는 풍습은 몸의 청정감과 함께 정신의 미화를 위하여 비롯된 것이다. 방향의 발상지는 파미르 고원의 힌두교국인 인도라는 것이 정설이다. 인도에는 후추를 비롯해서 침향, 백단, 그 밖에 열대성 향료 식물이 많아서 힌두교의 분향의식에 부족함이 없었다고 한다.

이렇게 보면 향수는 인류가 최초로 사용한 화장품인 셈이다. 그 후 향수는 이집트 문명권을 거쳐 그리스와 로마 등지로 퍼져 귀족계급의 기호식품이 되었다. 당시의 상인들은 부피가 작고 값이 비싼 향료를 화폐 대용으로 사용하였다고도 한다. 한국에서는 오래 전에 향수가 보급되었는데 372년에 고구려의 승려가 382년에 백제의 승려가 각각 중국에 파견되었다가 돌아오면서 향수도 함께 수입하였다고 한다.

향수 사용의 대중화는 신라시대의 귀부인들로부터이며, 그것은 향수주머니, 즉 향낭을 몸에 지녔다는 것으로 그 사실을 알 수 있다. 근대적 의미의 향수가 나온 시기는 1370년경으로서, 지금의 '오드 트왈렛'풍의 향수인 '헝가리 워터'가 발명되었다. 이것은 헝가리의 왕비인 엘리자베스를 위해 만들어진 것으로서 증류 향수이며, 최초의 알코올 향수이다. 이 향수로 인하여 그녀는 70세를 넘은 나이에도 불구하고 폴란드의 왕으로부터 구혼을 받기까지 했다고 한다.

그 뒤 508년 이탈리아의 피렌체에 있는 성 마리베라의 도미니크회 수도사가 향수 조제용 아틀리에를 개설 '유리 향수'를 제조하면서부터 그 전성기를 맞게 되었다. 1533년에는 피렌체의 명문 가문인 메디치가의 딸 카트린 드 메디시스와 프랑스의 앙리 2세가 결혼하면서 그녀의 조향사인 L. 비앙코가 프랑스로 건너와 파리에서 향료와 향수가게를 열었는데, 이것이 최초의 향수 전문점이다.

3) 인간과 향수의 상호관계

유향 물질로 휘발성을 가진 것이 인간의 비강 내에 들어와서 취점막에 전달되어 후각세포에 자극을 주어 후각신경을 통하여 중추신경에 전달되어 냄새를 인지하게 된다. 그 메커니즘은 정확하게 규명해야 한다. 냄새가 후각에 접했을 때 그 물질 특유의 냄새가 인지된다. 여기서 인간이 구별할 수 있는 냄새의 종류는 보통 사람이 2,000종 정도이고 전문가는 10,000종 정도로 구별이 가능하다. 베버 페흐너(Weber Fechner)의 법칙에서 역치는 냄새를 감지하는 최소 농도(통상 공기) 1 m^3 중에 냄새 물질의 g수로 표시하여 냄새 자극의 강도와 감지되는 강도 사이에 대수관계를 나타냈다. $L = k\log C$ [단, L: 감각량(냄새 강도), C: 자극량(물질의 농도), k: 상수]

4) 좋은 향수의 특징

향기가 세련되고 독특한 특징이 있는 향기를 가지고, 확산성이 좋아야 하며 향기가 강하면서 지속시간이 길어야 한다.

5) 향수 제조법

❶ 조합향료를 선택한다.
❷ 에탄올에 용해시킨다.
❸ 지하실과 같은 차가운 곳의 암실에 6개월~1년 동안 숙성을 시켜 여과하여 제조한다.

3. 향수의 발향 단계에 의한 분류

노트란 향에 대한 느낌(상태, 음색 특징)을 말하는 것으로 발향 순서에 따라 톱 노트, 미들 노트, 베이스 노트로 나뉜다. 이 분류는 여러 종류의 향을 배합할 때 각각의 느낌을 조화롭게 하기 위해 꼭 필요하다. 에센셜오일 또한 한 가지만 사용하는 것보다는 두세 종류의 오일을 조합하여 많이 사용하며, 각각의 오일이 갖고 있는 노트를 파악하고 있으면 자신이 좋아하는 향을 조합해 사용할 수 있다.

1) 탑 노트(Top note)

향을 맡았을 때 최초로 감지되는 것으로 오일류는 약 3시간 이내에 증발하기 때문에 오래 가지는 않지만, 향을 조합했을 때 그 첫인상을 결정하므로 매우 중요하다. 대표적으로 베르가못, 페티그렌, 네로리, 레몬, 라임, 오렌지 등의 감귤계 오일과 레몬그라스, 페퍼민트, 타임, 시나몬, 클로브 등의 오일이다. 탑 노트 오일의 향기는 예리하고 깊이 배는 듯하며, 휘발성이 강한 것이 특징이고 향에 따라 냉성 또는 열성의 어느 한쪽에 속하지만, 온성의 성질은 결코 보이지 않는다. 탑 노트는 무기력하거나 우울할 때 기분을 고양시키는 효과가 있으므로 특히 여름철에 사용하면 좋다.

탑 노트 오일 중 가장 많이 사용하는 것이 레몬, 베르가못, 페티그렌 등의 오일이다. 극히 예리한 방향을 가지고 있는 시나몬, 클로브, 타임 등의 오일은 적은 양만 사용해야 하는데, 전체 향의 5~10% 정도를 차지하도록 배합하는 것이 바람직하다. 예를 들면 펜할리곤스의 코리안더, 유자, 페퍼 등이 있다.

2) 미들 노트(Middle note)

이 오일류는 여러 종류의 향을 조합할 때 그 중간 단계를 이루는 향으로 탑 노트보다 휘발 속도가 느리며, 조합된 향의 예리한 선을 부드럽고 완만하게 한다. 전형적인 미들 노트 오일에는 로즈우드, 제라늄, 라벤더, 카모마일, 마조람 등을 들 수 있는데, 따뜻하고 부드럽고 성숙한 느낌이 특징이다. 이 오일들은 조합한 오일의 질을 높이는 역할을 하는데, 그것은 미들 노트 오일의 약효 때문이라기보다는 방향성 때문이라고 할 수 있다. 또 신체 속에서 신진 대사의 기능을 촉진하는 효능이 뛰어난 오일이 많다.

미들 노트의 오일류는 50~80%를 차지하여 조합된 오일의 모체를 형성하는데, 향은 약 6시간 정도 유지된다. 예를 들면 펜할리곤스의 시나몬, 인센스, 로즈 등이 있다.

3) 베이스 노트(Base note)

이 오일류는 보류제라고도 부르며 조합된 오일에 깊이를 주고 이를 피부 속에 끌어들여 정착시키고 영속성을 부여한다. 대표적으로 시스터스, 클라리세이지, 패출리, 몰약, 프랑킨센스, 시더우드, 베티버 등이 있다. 병에 담긴 베이스 노트의 오일은 향이 매우 약하고 힘이 없는 듯 느껴지지만, 피부에 바르면 강하게 반응하여 대략 5~6시간 또는 며칠 동안 향기가 지속된다. 특히 동물성 보류제인 머스크와 시베트의 경우가 그렇다.

베이스노트용 오일류와 동물성 보류제의 향은 첫인상이 별로 좋지 않다. 머스크와 시베트는 불쾌한 냄새이고, 많은 사람들이 패출리 향을 싫어한다. 또 베티버와 시스터스에서는 뿌리 특유의 냄새가 난다. 그러나 최고급 향수라면 이들을 쓰지 않고는 만들 수 없다. 향을 조합할 때 베이스 노트 오일류는 전체 양의 5% 이하로 소량만 넣는다.

베이스 노트의 오일류는 깊이가 있고 강렬하며 마음을 진정시키고 정신적, 정서적, 영적인 차원에 영향을 주기 때문에 대부분은 전통적으로 종교적인 의식에 쓰여 왔다. 예를 들면 펜할리곤스의 머스크, 샌달우드, 버지니아시더우드 등이 있다.

4. 부향률(농도)에 따른 향수의 분류, 특징과 사용법

1) 부향률이 15~25%인 경우

알코올 순도가 96%일 때 향수 parfum extrait, perfume 등은 지속시간(5~7시간)이 가장 길고 향수제품 중 최고품으로 화려하고 깊은 느낌을 가지며 적량을 포인트에 사용한다.

2) 부향률이 10~15%인 경우

알코올 순도가 85~90%일 때 eaude parfum, parfum de toilette 등은 지속시간(5시간 전후)이 긴 편이고 향수의 높은 효과를 기대할 수 있으며 무난한 주간 향수로 전신에 사용하는 것이 효과적이다.

3) 부향률이 5~10%인 경우

알코올 순도가 80~85%일 때 eaude toilette, eaude toilet 등은 지속시간(3~4시간)이 중간 정도로 가벼운 감각의 향수이고 전신에 많이 사용하는 것으로 부드러운 향기를 원하거나 처음 사용하는 사람이 사용하면 효과적이다.

4) 부향률이 3~5%인 경우

알코올 순도가 70~80%일 때 eaude cologne는 지속시간이 1~2시간으로 짧고 리프레싱(refreshing) 효과나 기분전환에 이용되고 시트러스향이 첨가되어 가벼운 향수로 양이 많아서 자주 많이 사용하기에 효과적이다.

5) 부향률이 1~3%인 경우

알코올 순도가 70~75%일 때 splash cologne, shower cologne 등은 지속시간이 1시간 이내로 잔향보다는 확산성이 좋고 상쾌하고 신선한 향으로 목욕이나 운동 전 후에 사용하면 보습 효과를 가진다.

Splash/Eau Fraiche	Eau de Cologne	Eau de Toilette	Eau de Parfum	Perfume(Parfum)
농도: 1~3% 지속 시간: 1~2시간	농도: 3~5% 지속 시간: 2~3시간	농도: 5~15% 지속 시간: 4~6시간	농도: 15~20% 지속 시간: 6~8시간	농도: 20~30% 지속 시간: 12시간+

그림 6.1 향수 농축농도와 지속시간.

6) 부향률에 따른 향수의 특징

(1) Eau de Parfum

프랑스 향수 메이커의 전통적인 이미지를 강조하는 데 사용되었으며, 거의 향수에 가까울 정도로 향이 풍부하다. 향취를 맡을 때는 병에다 코를 대고 직접 맡는 것보다 맥박이 뛰는 부분에 한두 방울 정도 바르거나 흰 종이에 한두 방울 떨어뜨려 테스트하는 것이 좋은 방법이다. 몇 방울 떨어뜨린 다음 알코올이 증발한 후에 남는 향취가 진짜 향취이기 때문이다.

향취는 탑 노트(top note), 미들 노트(middle note), 라스팅 노트(lasting note)의 3단계로 변화한다. 탑 노트는 알코올과 함께 섞여진 향으로 뚜껑을 열었을 때 처음 느껴지는 냄새이다. 알코올 냄새가 강하여 향취의 특성을 금방 잘 알 수 있다. 미들 노트는 알코올 냄새가 약간 느껴지면서 본래의 주된 향기가 나타난다. 라스팅 노트는 맨 나중에 남는 냄새로 향수가 가진 본래의 향취이다. 대부분의 향수는 미들 노트의 향취와 라스팅 노트의 향취가 거의 같다. 향수를 선택할 때는 알코올이 증발한 다음에 남는 향을 맡아 선택하도록 하며, 이 라스팅 노트가 6시간 정도 지속되는 것이 가장 좋은 향수라고 할 수 있다. 향취는 밑에서 위로 올라오는 성질이 있으므로 상의나 스커트 안단 등 신체가 움직이는 부분에 바르는 것이 좋다. 향력을 최대한 증가시키려면 귀 뒤, 손목, 팔꿈치 안쪽, 무릎 뒤 등 맥박이 뛰는 부분이나 따뜻한 부분에 사용한다.

(2) Eau de Toilette

방향성 화장품(fragrance)의 하나로, 순도 80~85%의 알코올액에 5~10% 전후의 향료를 녹여서 만들어진다. 향수보다는 알코올 순도나 향료 농도가 적고, 오 드 콜롱보다는 많다. 향기의 지속시간은 3~4시간 정도이고, 소프트한 향기를 갖기 때문에 낮 동안이나 향수의 기초로 사용된다. '향기 화장수'라고도 일컫는다.

(3) Splash Cologne

간단하게 샤워 코롱과 비슷하게 사용되고 있는 향수로 부향률은 1~3%로 정도로 샤워 코롱보다 더욱 낮으며 향의 보류성이나 지속되는 시간도 조금 짧은 것이 특징이다. 스플래시라는 단이 자체는 물이라는 뜻으로 피부가 약하거나 예민한 성격의 소유자, 향에 대한 알레르기가 있는 사람에게 안 맞는 향수이다.

(4) Eau de Cologne

독일의 쾰른(Cologne)에서 1907년, 조반니 마리아 파리나(Giovanni Maria Farina, 영문, 1685~1766, Johann Maria Farina 독어)가 만든 것으로 알려졌는데, 방향성 화장품(fragrance)의 일종으로 알코올 순도는 75~85%, 향료 농도는 3~5%와 향수나 오드 뚜왈렛(eau de toillette)보다도 적으며, 향기의 지속시간도 1~2시간으로 짧다. 향기가 가장 가볍기 때문에 다량으로 사용되며, 스포츠나 입욕 후에 전신에 듬뿍 뿌린다든지, 실내용 향수로서 간편하게 이용된다.

(5) Shower Cologne

향수는 고대 이집트부터 다양한 꽃잎 추출물을 이용해 많은 여성들이 사용해왔다. 향수의 일종인 샤워코롱의 시초라고 할 수 있는 것은 독일 쾰른의 4711 오리지널 오드 콜로뉴(original eau de cologne)로, 나폴레옹 향수로 잘 알려져 있다. 대부분의 향수가 프랑스에서 시작된 것과 달리 샤워코롱은 독일에서 시작되었는데, 독일 쾰른의 물을 이용해 만든 독특한 향 때문에 유명해졌다. 16세기 무렵 사람들은 독일 쾰른 지방의 물에 기분이 상쾌해지는 특별한 효능이 있다고 믿었고, 이는 18세기에 이르러 '기적의 물'이라는 이름으로 널리 유통되기 시작했다.

19세기 초 독일 쾰른의 물을 의학적으로 사용하는 것이 금지되면서, 이 기적의 물은 향수로 판매되기 시작했다. 이어 1875년 '4711'이 상표로 정식 등록되면서 오늘날의 오드콜로뉴를 대표하는 브랜드로 성장했다. 독일 쾰른의 3대 명물로 불리는 이 샤워코롱은 나폴레옹 향수로도 유명한데, 나폴레옹과 조제핀은 향수를 매우 좋아했다고 한다. 조제핀은 달콤하고 섹시한 머스크향을 좋아한 반면, 나폴레옹은 감귤계의 상쾌한 향수를 좋아했다. 나폴레옹이 독일 쾰른을 점령했을 때 이 시트러스한 상쾌함과 플로랄 계열의 오드콜로뉴에 사로잡혀 매일 애용했다고 한다. 이후 유럽 전역에서 인기를 끌었으며, 다양한 샤워코롱이 나오기 시작했다. 샤워 후에 은은한 잔향이 남게 하기 위해 향수의 일종으로 사용된다. 머스크, 사과, 장미, 라벤더, 시트러스, 피치, 파우더, 과일 향 등 향에 따라 종류가 다양하다. 향수의 일종이기 때문에 향수 제품들과 비슷한 용기에 담아져 나오며, 손에 덜어 쓰는 형태 또는 펌핑으로 분사시켜주는 형태로 나오기도 한다.

향수와 같이 30 ml부터 100 ml까지 용량도 다양하다. 샤워 후에 전신에 고르게 바르기도 하지만, 외출 시 손목, 귀 뒤, 가슴 등 맥박이 뛰는 부위에 향수처럼 사용해도 효과적이다. 에탄올, 정제수, 향료, 코세스-7, 네이티드캐스터오일, 벤조페논-1, 디프로필렌글라이콜, 글리세레스-26, 베타인, 피이지-40하이드로제네이티드캐스터오일, 옥틸도데세스-16, 소듐시트레이트, BHT, 시트릭애씨드 등이 들어가며, 향을 내기 위해 장미꽃수, 연꽃추출물, 데이지꽃추출물, 감귤꽃추출물, 동백꽃추출물, 서양장미꽃추출물, 벚꽃추출물, 달맞이꽃추출물, 마치현추출물 등 다양한 꽃 추출물이 들어간다. 최근에는 히알루론산과 온천수를 함유해 보습성분이 강화된 샤워코롱도 나오고 있다. 샤워 후에 상쾌하고 산뜻한 기분을 유지시켜주기 위해 은은한 향이 남게 하는 데 효과적이다. 샤워 후 적당량을 전신에 발라주면, 오랜 시간 향수와 비슷한 꽃 향이 몸에 남아 있어 기분 전환에 도움이 되기도 한다. 또한 샤워 이후 잔향이 오래 가서 방금 샤워를 한 듯한 산뜻한 느낌을 주어 휴대용 제품이 인기를 끌고 있다. 향수의 성격이 강하기 때문에 샤워 후 보습을 따로 해주어야 하는 점을 보완해, 최근에는 보습 성분이 함유된 제품도 출시되고 있다.

5. 향수의 사용과 보관

1) 사용 방법

향수는 몸이나 옷에 뿌리면 그대로 남아 있는 것이 아니라 피부로부터 발산되는 체온 또는 체취와 함께 섞여서 향기가 난다. 향수는 손목 또는 목의 맥박이 뛰는 부분에 직접 뿌리는 것이 좋다. 만약 의복에 향수를 뿌리게 되면 아무리 고급향수라도 얼룩질 염려도 있고 향의 발산이 쉽게 되어 좋지 않다.

향수를 피부에 직접 뿌렸을 때는 태양광선이나 외기에 닿지 않도록 하는 것이 이상적이다. 직사광선을 받으면 피부염 또는 색소 침착을 일으켜 기미가 생기는 경우도 있기 때문이다. 그리고 향수를 사용할 때 주의할 점은 향수병 입구가 직접 피부에 닿지 않도록 한다. 이는 피부의 지방이 향수병 입구를 통해 들어가 향수를 변질시킬 우려가 있기 때문이다.

2) 향수 보관

향수는 잘 보관하지 않으면 향기가 발산되고 변색되는 일이 많으므로 직사광선이 비치지 않게 서랍이나 어두운 곳에 보관하는 것이 좋다. 또 향수는 온도에도 영향을 받는데 보통 15°C 정도가 적당하고 향수를 사용한 후에는 마개를 꼭 막아두도록 유의한다.

6. 천연향료의 제조법

1) 수증기증류법(Steam Distillation)

열에 의하여 향 성분이 변하지 않는 원료를 얻을 때 이용하며, 간편하여 많이 사용되는 방법이다.

2) 압착법(Expression)

오렌지, 레몬, 베르가못(bergamot), 천지향 등의 감귤류에 가장 적당한 방법이다.

3) 추출법(Extraction)

용매를 이용하여 열에 의해서 변질되거나 물에 잘 녹는 향기 성분이 많은 원료를 얻을 때 많이 이용된다. 여기에는 무취로 정제한 우지나 돈지를 이용한 유지흡착법과 유기용매(에테르, 헥산, 벤젠)를 이용한 용제추출법 그리고 레몬, 오렌지, 베르가못 등은 압착하여 에센셜오일을 추출하고, 고압장치를 이용하는 액화 가스 추출법을 이용하기도 한다.

7. 조향과 조향사

1) 조향이란

여러 향료를 섞어 새로운 향을 만들거나 다른 물질에 향을 덧입혀서 새로운 향을 만들어 내는 것이다. 이와 같이 향료 간 배합비를 연구하여 새로운 향을 만드는 작업을 의미한다.

2) 조향사

제품에 향을 첨가하고 혼합하여 새로운 향료를 개발하는 직업으로 화장품, 향수, 과자, 담배, 치약, 조미료 등이 있고 우리의 생활용품을 개발할 때 제품에 향기를 부여하고 제품 본래의 향기를 높이며 제품이 가진 악취를 가려서 제품의 순기능을 가지도록 하는 하나의 방법으로 향료를 첨가한다. 이런 향을 가진 물질을 다루는 직업이 조향사이다. 후맹, 미맹, 취맹인 사람은 향을 다루는 직업이라서 조향사가 되기 어려운 이유가 된다.

전문성에 따라서 두 가지로 분류를 하는데, 하나는 퍼퓨머(perfumer)이고 다른 하나는 플레이버리스트(flavorist)라고 한다.

3) 조향사의 분류

(1) 퍼퓨머(Perfumer)

먹을 수 없는 향을 다루며 식용에 대한 제약이 없어서 다양한 향을 제조할 수 있으므로 자연에 존재하지 않는 향기일지라도 인간이 좋아하면 식용 여부에 관계없이 더욱 많은 향을 조향할 수 있다. 향수, 화장품, 비누, 세제, 안료 등의 많은 산업용품 물질에 함유되어 있는 것을 제조하는 일을 한다. 퍼퓨머와 퍼퓸디자이너의 차이를 살펴보면 퍼퓸디자이너는 개인을 위한 맞춤 향수에서 이벤트용 향수, 브랜드 향수 등을 개발하는 일을 하는 새로운 직업 형태로 나타나고 있으며, 화학전공을 하지 않고도 학원에서 조향 기술과 감각을 배우는 교육을 받으면 활동이 가능하다.

(2) 플레이버리스트(Flavorist)

먹을 수 있는 향을 제조하므로 식품, 담배용 향료를 개발하는 직업을 가진 사람이다. 식품첨가물 중 '천연착향료'가 있는데 식품용 향료와 향장품용 향료는 그 작용메커니즘이 다르기 때문에 퍼퓨머와 다루는 향료의 종류와 조합비율, 제조 방법이 다르다. 구취제거제 및 치약처럼 음식은 아니지만 섭취 가능한 제품의 향을 다루는 직업이다.

(3) 조향사가 되기 위해 필요한 것

화학 관련 전공을 하거나 화장품 관련 전공의 학사 이상의 학력을 가지면 가능하다. 조향사는 연구소 또는 연구부서의 소속연구원으로 분류되는 직업이므로 이공계 관련 전공자가 선택적으로 취업이 가능하다.

4) 조향사의 자질

향을 구분하고 판별하는 수용 능력과 표출하는 표현 능력도 중요하고, 창의적인 직업이므로 풍부한 표현력과 상상력도 조향사가 가져야 하는 필수 자질이며, 향에 대한 정확한 기억력도 필요한 자질 중의 하나이다. 이것은 향을 처음 맡았을 때 느낀 향의 이미지를 잘 기억하는 것이 매우 중요하므로, 향의 기억이 정확해야 배합 시 향료 양의 비율 조절을 잘 할 수 있다. 향을 맡고 구분할 수 있는 관능 능력이 필수적이므로 미맹, 축농증, 비염처럼 후각 기관 질환이 심하거나 특정 냄새를 맡지 못하는 취맹도 조향사가 되기 어려운 이유이다.

8. 천연방향제 만들기(전체 100 g)

천연방향제는 무수에탄올을 가용화제로 이용하여 향료를 녹이는 방법으로 만드는 향을 가진 물질이다. 향수류에는 가용화제를 별도로 첨가하여 만드는 경우도 있다.

페퍼민트, 로즈마리, 레몬 에센셜오일은 모두 집중력을 강화하는 향이므로 집중도를 높이는 효과를 가진다. 그래서 학생이나 정신적인 노력이 필요한 직장인에게 효과가 좋은 향이다. 고도의 정신 집중에 필요한 향을 만들 경우 에센셜오일 배합 비율을 다르게 하여 향의 깊이를 조절해야 한다.

(1) 수상재료

❶ 고농도무수에탄올: 45 g
❷ 정제수: 45 g

(2) 향료 및 가용화제

❶ 바이오솔브: 3 g
❷ 레몬 에센셜오일 : 10방울
❸ 페퍼민트 에센셜오일 : 35방울
❹ 로즈마리 에센셜오일: 40방울

[만들기 과정]

1단계: 무수 에탄올과 정제수를 계량한다.

2단계: 다른 용기에 가용화제와 에센셜오일을 넣고 고르게 섞어 완전히 용해시킨다.

3단계: '1'과 '2'를 서서히 혼합하여 균일한 혼합물이 되도록 고르게 섞는다.

4단계: 준비한 용기에 담는다.

9. 천연향수 만들기

천연향수는 무수에탄올을 가용화제로 이용하여 향료를 녹이는 방법으로 만드는 향을 가진 물질이다. 완성한 향수는 빛이 들지 않는 유리병에 담아서 차가운 암실에 3개월 이상 보관하여 숙성을 시킨 후 사용한다.

1) 재스민향수(100 g 만들기)

깊은 내면의 향으로 전해오는 재스민 향은 특유의 우아한 향으로 남성의 향으로 불리어지나 에센셜오일 배합 비율에 따라서 향의 깊이는 달라진다.

(1) 수상재료

❶ 무수에탄올: 60 g
❷ 정제수: 25 g

(2) 향료

❶ 재스민 에센셜오일: 15방울
❷ 일랑일랑 에센셜오일: 10방울
❸ 그레이프프루트 에센셜오일: 35방울
❹ 스위트오렌지 에센셜오일: 40방울
❺ 스위트바질 에센셜오일: 20방울

[만들기 과정]

1단계: 무수 에탄올을 계량 후 향료를 넣고 고르게 섞어 완전히 용해시킨다.

2단계: 정제수를 첨가한 다음에 준비한 용기에 담는다.

3단계: 어둡고 찬 곳(지하실)에 보관하며 자주 향수를 흔들어서 균일한 혼합물이 되도록 하여 2~3개월 이상 보관 후에 사용한다.

4단계: 숙성 후 탁해지거나 침전물이 생길 경우는 오일들의 부가반응으로 형성된 물질이므로 여과지로 필트하여 향수 용기에 담아서 잘 보관하며 사용한다.

2) 지방시아마리지향(100 g 만들기)

오데코롱 4~25%의 비율로 만들기

❶ 정제수: 17 g

❷ 무수에탄올: 73 g

❸ 유화제(HCO_{60}): 2 g

❹ PMF(향수보습제): 5 g

❺ 지방시아마리지향 F.O: 6 g

만들기 과정은 위와 같이 한다.

연습 문제

1. 향수가 일반 대중에게도 널리 퍼지기 시작한 시대는 언제인가?

2. 향료의 종류를 분류하시오.

3. 조합향료의 용도에 의한 분류에서 향수류, 기초화장품, 색조화장품, 남성용화장품, 두발화장품, toiletry 제품, 세제류, 잡화용품 등으로 분류하는 것은 무엇인가?

4. 조합향료의 용도에 의한 분류에서 제과용, 유제품용, 음료용, 육류가공품, 조미료, 기호식품 등으로 분류하는 것은 무엇인가?

5. 향료를 알코올 등에 녹여서 만든 것으로 '연기를 통한다'는 의미를 담고 있으며 인류가 최초로 사용한 화장품이라고 볼 수 있다. 약 5,000년 전의 고대 사람들이 종교적 의식, 즉 신과 인간과의 교감을 위한 매개체로 사용하면서부터 시작되었다. 원액의 농도에 따라 퍼퓸, 오드퍼퓸, 오드트왈렛, 오드콜로뉴 등으로 나누어 사용하는 것을 무엇이라 하는가?

6. 향수의 발향 단계에 의한 분류를 세 가지로 하시오.

7. 향수를 부향률(농도)에 따라 5가지 형태로 분류하시오.

절취선

8. 향수의 보관하는 방법을 서술하시오.

9. 조향사를 구분하고 각각을 설명하시오.

1) 퍼퓨머:

2) 플레이버리스트:

찾아보기

ㅇ

PERFUME and **C**OSMETICS

▶ 지은이 소개

동아대학교 자연과학대학 화학과 · 이도훈

동아대학교 자연과학대학 화학과 · 정대일 감수

나의 향료와 화장품

❙ 2020년 3월 1일 1판 1쇄 발행

❙ 지은이 이도훈, 정대일

❙ 발행인 박 종 성

❙ 발행처 사이플러스 Science plus

❙ 우 04003 / 서울특별시 마포구 잔다리로 101

❙ 전화 332_6171 / 팩스 332_6185

❙ 등록 2005.10.20. 제2005-00222호

❙ ISBN 979-11-88731-19-0 93430 값 17,000원

나의 향료와 화장품